3일 만에 끝내는

코딩 통계

3일 만에 끝내는 **코딩 통계**

2021년 10월 29일 초판 1쇄 발행
2021년 12월 27일 초판 2쇄 발행

지은이 박준석
펴낸이 윤철호 · 고하영
책임편집 임현규
편집 권도민 · 한예진
디자인 김진운
마케팅 최민규

펴낸곳 (주)사회평론아카데미
등록번호 2013-000247(2013년 8월 23일)
전화 02-326-1545
팩스 02-326-1626
주소 03978 서울특별시 마포구 월드컵북로6길 56(4층)
이메일 academy@sapyoung.com
홈페이지 www.sapyoung.com
ISBN 979-11-6707-026-5 03310

3일 만에 끝내는
코딩+통계

박준석 지음

사회평론아카데미

들어가며

바야흐로 빅데이터와 AI의 시대라고 합니다. 모두 코딩과 데이터과학을 배워야 한다고 난리입니다. '데이터 리터러시data literacy'라는 말이 심심치 않게 들리고, 심지어 몇 주 안에 데이터과학 기초를 완성해준다는 수업들도 우후죽순으로 생겨났습니다. 대학에서는 인공지능, 데이터사이언스학과를 따로 개설한다고 합니다. 여기저기에서 데이터분석과 통계학을 배우지 않으면 남들보다 뒤처질 것처럼 이야기를 하다 보니 왠지 배워야 할 것 같습니다. 분명 고등학교에서 확률, 통계, 분산, 모평균의 추정 등을 배웠던 것 같은데, 왜 기억이 나지 않을까요? 95% 신뢰도는 대체 무슨 뜻일까요?

저는 제6차 교육과정 마지막 세대 인문계 출신입니다. 《확률과 통계》는 지금처럼 독립되어 있지 않았고, 고등학교 2학년 때 배우는 《수학 I》 맨 마지막에 등장하는 한 단원일 뿐이었습니다. 하지만 제7차 교육과정에서 심화선택과목으로 신설된 이후 독립 과목으로서의 지위를 갖게 되었습니다.

2021학년도 수능까지는 인문계, 자연계 모두 필수 과목이었지만 2022학년도부터는 선택 과목(확률과 통계, 미적분, 기하) 중의 하나가 된다고 합니다. 그런데 자연계에서는 '미적분'에 밀려 선택 비율이 낮아질 것으로 예상된다고 하니 실로 비운의 과목이라고 할 수 있습니다. 다행히 인문계 학생들의 《확률과 통계》 과목의 선택 비율은 높을 것으로 예상되지만 AI와 데이터과학 붐이 빛이 바래는 감이 없지 않습니다.

하지만 제가 느끼는 더 심각한 문제는 현행 고등학교 '확률과 통계' 과목의 내용이 상당히 낡았고, 실제 데이터분석과는 동떨어져 있다는 것입니다. 데이터과학이니 AI니 하는 거창한 이야기까지 할 것도 없이 당장 실생활에서 마주하는 데이터를 분석하거나 남들이 해놓은 통계 분석 결과를 올바르게 해석하는 능력과는 거리가 먼 내용을 가르치고 있습니다. 그 대신 고등학교 《확률과 통계》 교과서에는 온갖 현란한 수식들이 가득 차 있습니다. 예를 들어 다음과 같은 공식이 등장합니다.

$$\mathrm{V}(X) = \mathrm{E}(X^2) - \{\mathrm{E}(X)\}^2$$

등호(=) 왼쪽, 그러니까 좌변의 V(X)는 분산이라는 것인데,[1] 자료가 얼마나 넓게 퍼져있는지를 나타내는 값입니다.[2] 예를 들어 (1, 2, 3)이라는 세 숫자에 비해서는 (1, 4, 9)라는 세 숫자가 더 넓게 퍼져있습니다. 실제로 계산해보면 (1, 4, 9)의 분산은 (1, 2, 3)의 분산보다 큽니다. 이것을 손으로 계

....

1 V는 Variance(분산)의 첫 글자를 딴 것이고 E는 Expectation(기댓값)의 첫 글자를 딴 것으로, 확률변수에서의 기댓값은 곧 평균(mean)이기도 하다.

2 $V(X)=E((X-m)^2)=(x_1-m)^2p_1+(x_2-m)^2p_2+\cdots+(x_n-m)^2p_n$을 전개하면 이 수식을 유도할 수 있다. 자세한 내용은 고등학교 《확률과 통계》를 찾아보거나 인터넷에서 검색해도 확인할 수 있다.

산할 때 등호 오른쪽, 즉 우변에 있는 계산식을 사용하면 비교적 손쉽게 계산할 수 있습니다. 이 공식을 사용하여 푸는 문제가 연습문제나 모의고사에 종종 나옵니다.

저는 데이터과학자입니다. 갑자기 제 직업 이야기를 꺼내는 이유는 간단합니다. 저는 대학에서 통계학을 다시 배우기 시작할 때부터 데이터분석을 업으로 삼고 있는 지금까지 앞의 공식을 분석 현장에서 유의미하게 사용해본 적이 거의 없습니다. 즉, 데이터분석 실무에서는 거의 쓰지 않는 공식입니다. 물론 앞에서 이야기한 분산, 즉 $V(X)$를 손으로 계산할 일이 있으면 편리하게 사용할 수 있습니다. 통계학 관련 각종 공식을 증명할 때도 유용하겠지요. 하지만 문제는 그런 경우를 제외하면 요즘은 $V(X)$를 아무도 손으로 계산하지 않는다는 것입니다. 엑셀을 사용하든 통계 전문 소프트웨어를 사용하든 실제 계산은 모두 컴퓨터가 알아서 하고 사람은 명령어를 실행하기만 하면 되는 세상입니다. 앞의 공식을 직접 쓸 일은 전혀 없습니다. 만약 대학에서 통계학을 전공한다면 이야기가 조금 다를 수 있겠지만, 전체 고등학생 중 통계학을 전공하는 경우는 극소수일 것입니다.

그렇다면 고등학생들이 분산이라는 개념을 배울 때 무엇을 중요시해야 할까요? $V(X)$가 의미하는 것, 즉 $V(X)$가 '자료가 퍼진 정도'라는 것을—가능하면 예시들을 통해—직접 확인하고 이해하는 것입니다. 유감스럽게도 고등학교 《확률과 통계》 수업에서는 이에 대한 강조가 부족한 듯합니다. 제 주변 수학 선생님들에게 질문한 결과 중학교 교과 과정에서 분산이 직관적으로 무엇을 의미하는지 이미 배운 것으로 간주하기 때문에 그런 내용이 크게 강조되지 않는다고 합니다. 저는 그 말을 듣고 제 귀를 의심했습니다. 가뜩이나 수학 과목에 대한 흥미가 극도로 떨어져 있는 현실에서 무려 2, 3년

전 배운 내용을 기억하고 있다고 가정하고 그 뒤의 내용을 이어서 가르친다니……. 현실성이 크게 떨어지는 이야기로 들렸습니다. 대학생들도 어려워하는 개념인데 말입니다. 대학생들에게 분산의 개념을 가르쳐보면 꽤 많은 학생이 이 개념을 이해하는 데 어려움을 겪습니다.

그런데 비단 분산만 문제인 것은 아닙니다. 현행 《확률과 통계》 교과서는 대체로 다른 단원처럼 개념의 정의를 살펴본 뒤 그것을 바로 적용해 수학 문제를 푸는 식으로 전개됩니다. 그런데 이렇게 배운 통계학은 직관적인 이해에 큰 도움이 되지 않습니다. 왜냐하면 현재 교과서에서 가르치는 통계학—**빈도주의**frequentist **통계학**이라고 부릅니다—은 **반복적인 표본 추출** 개념에 크게 의존하기 때문입니다. 그리고 이것은 수학 계산보다는 컴퓨터 시뮬레이션을 통해 가장 잘 이해할 수 있습니다. 제가 고등학생일 때만 해도 컴퓨터와 통계 소프트웨어 보급이 원활하지 않았기 때문에 이런 방식으로 통계학을 공부하는 것이 어려웠습니다. 그러나 20년 가까이 지난 지금은 사정이 완전히 달라졌습니다. 컴퓨터 보급률이 비약적으로 확대되고 무료 통계 소프트웨어를 누구나 내려받아 사용할 수 있는 오늘 날, 몇 개의 수학 공식을 배워서 단순한 문제에 적용하는 방식의 통계학 교육을 고집할 이유는 사라졌습니다. 이제는 낡은 교수 학습 방식에서 벗어날 때가 되었습니다.

데이터분석을 하려면 결국은 컴퓨터를 사용할 수밖에 없습니다. 요즘 누가 손으로 통계 분석을 하겠습니까? 여기서 컴퓨터를 사용하여 통계학을 배우는 것의 장점이 등장합니다. 바로 기초 코딩 교육을 그 과정에서 자연스럽게 받을 수 있다는 것입니다. 고등학교 교과 과정에서 코딩 교육을 따로 할 기회가 생각보다 많지 않은데, 코딩을 통해 통계학을 배우면 일석

이조의 효과를 거둘 수 있습니다. 더욱이 이 책에서 사용할 통계 소프트웨어인 'R'은 현재 데이터분석 업계에서 최고의 인기를 누리고 있으면서 초보자가 배우기 쉽고, 무엇보다 앞에서 이야기한 시뮬레이션에 매우 적합한 특성을 갖고 있습니다. 물론 보다 일반적인 목적의 프로그래밍을 위해서는 R이 아닌 다른 언어를 사용해야 할 수도 있지만, R은 사실 프로그래밍 입문용으로도 꽤 괜찮습니다.

여기서 한 가지 고백하자면, 이 책은 고등학생들이 읽는 것을 목표로 썼지만 기본적으로 고등학교 통계를 다 잊어버린 상태에서 통계학을 처음부터 (다시) 배우고자 하는 성인들을 위한 것이기도 합니다. 고등학교 통계를 다시 배운다고 해서 부끄러워할 필요는 전혀 없습니다. 읽어보면 알겠지만, 고등학교 수준의 통계학도 제대로 이해하려면 꽤 어렵습니다. 하지만 일단 고등학교 통계를 잘 이해하면 대학교 수준의 통계학도 쉽게 이해할 수 있습니다(제가 보장합니다). 그러므로 성인이 되어서 고등학교 수준의 나머지 공부를 한다는 부끄러움은 이 책을 읽는 동안은 잠시 접어두셔도 좋습니다.

고등학교 《확률과 통계》 교과서와 출간된 많은 통계학 입문서 중 상당수는 수학적 측면에만 치중하여 실제 데이터분석이나 통계학의 직관적 이해와는 거리가 있습니다. 이 책은 그런 경향에서 벗어나 R이라는 인기 있는 데이터과학 언어를 사용하여 실제로 코딩과 시뮬레이션을 하면서 '확률과 통계'가 실제로 어떻게 돌아가는지 이해할 수 있도록 했습니다. 그 과정에서 교과서에 등장하는 수식을 최대한 코딩으로 대체하려고 노력했습니다. 독자 여러분은 이 책에 나오는 코드를 그대로 따라 입력하고 실행하기만 하면 되기 때문에 코딩을 모르는 분들도 겁먹을 필요가 없습니다. 이 책을 읽으면서 그동안 멀게만 느꼈던 확률과 통계를 보다 직관적으로 이해하며 가까워질 수 있는 계기가 되기를 바랍니다.

나아가 현행 고등학교 《확률과 통계》 교과 과정이 최근 범국가적 차원에서도 일어나고 있는 데이터과학과 AI에 대한 강조에 발맞추어 변화하기를 바랍니다. 이 책이 그런 움직임에 작은 보탬이 되었으면 하는 바람입니다.

이역만리 타국 한 시골 동네에서 어느 늦은 봄날

박준석

차례

01

R 설치 및 사용법

왜 R 언어인가 ● R 설치방법

대체 R이 뭘까요? 이걸 이해하려면, 우선 프로그래밍 언어가 무엇인지 이해해야 합니다. R도 일종의 프로그래밍 언어이기 때문입니다. 프로그래밍 언어는 사용자가 컴퓨터에게 어떤 작업들을 직접 명령할 수 있게 해줍니다.

왜 R 언어인가

이 책에서는 R 언어를 사용할 것입니다. 그렇다면 R은 대체 무엇일까요? R을 살펴보기에 앞서 프로그래밍 언어가 무엇인지 먼저 이해해야 합니다. 왜냐하면 R도 일종의 프로그래밍 언어이기 때문입니다. 프로그래밍 언어는 워드프로세서, 스프레드시트, 심지어 게임과 같이 일종의 컴퓨터 프로그램입니다. 한 가지 특이한 게 있다면 프로그래밍 언어는 사용자가 컴퓨터에게 어떤 작업들을 직접 명령할 수 있게 해준다는 것입니다. 예를 들어, 사용자는 R을 비롯한 모든 프로그래밍 언어를 사용하여 다음과 같은 간단한 연산을 명령할 수 있습니다.

2 + 3

이를 실행하면 어떤 프로그래밍 언어든 5라는 답을 줍니다. 물론 보다 복잡한 작업도 가능합니다. 예를 들어, 다음의 명령어들을 R 언어에서 실행하면 1부터 10까지의 합을 계산해줍니다(다음 명령어들이 무슨 의미인지 당장 이해할 필요는 없습니다).

```
sum <- 0
for (i in 1:10) {
  sum <- sum + i
}
print(sum)
```

▶ 화살표처럼 보이는 '<-'는 왼꺽쇠(<)와 하이픈(-)을 쳐서 입력합니다.

앞의 명령어를 실행하면 화면에 정답인 55가 출력됩니다. 프로그래머들이 늘 하는 일은 이와 같이 프로그래밍 언어를 사용하여 컴퓨터에게 정해진 규칙에 따라 일정한 일을 하도록 시키는 것입니다. 아마 많은 분이 요즘 유행하는 프로그래밍 언어들, 이를테면 파이선Python과 같은 이름을 들어보았을 것입니다. 파이선은 요즘 유행하는 대표적인 프로그래밍 언어인데, 배우기 쉽고 다양한 목적으로 사용할 수 있어 엄청난 인기를 누리고 있습니다.

다시 본론으로 돌아가서 이 책에서 왜 R 언어를 사용하는지 이야기하겠습니다. 숙련된 프로그래머라면 파이선과 같은 다른 언어를 사용할 수도 있습니다. 하지만 그렇지 않은 경우 이 책에서 하려는 것들, 이를테면 확률 시뮬레이션, 통계 작업 등을 하기에는 다른 프로그래밍 언어들이 R 언어에 비해 다소 불편합니다. 사실 R 언어는 통계 및 데이터분석을 위해 특화된 프로그래밍 언어입니다. 처음부터 통계학자들이 개발과정에 적극적으로 참여했죠. 그 결과 R은 통계 분석을 위한 많은 편리한 기능들을 내장하고 있습니다. 다른 프로그래밍 언어들에서는 여러 줄의 복잡한 코드를 작성해야 할 수 있는 다양한 통계 분석을 R에서는 명령어 한 줄로 바로 실행할 수 있습니다.

예를 들어 1부터 10까지의 숫자들 중 하나를 무작위로 뽑기 위해서는 R에서는 sample(1:10, 1) 이라는, 아주 간단한 한 줄의 명령어만 실행하면 됩니다(이 명령어가 무엇을 의미하는지는 나중에 더 자세히 설명할 것입니다). 하지만 다른 프로그래밍 언어에서 똑같은 일을 하기 위해서는 적어도 두세 줄 이상의 명령어를 입력해야 합니다. 예를 들어 앞서 언급한 파이선의 경우 처음 실행하고 나서는 바로 무작위 추출을 할 수 없고, 추가로 라이브러리 library라는 것을 불러와야 합니다. 그런 후에 비로소 무작위추출을 하는 명령어를 실행할 수 있죠. 이렇게 하면 벌써 두 줄입니다. 이것도 사실 꽤 간단한 축에 속하지만 더 복잡하고 많은 명령어를 실행해야 무작위추출을 할 수 있는 언어들도 있습니다. 이런 프로그래밍 언어들과 비교하면 R은 확률, 통계 관련 작업을 하기가 훨씬 간편합니다.

반대로 파이선을 비롯한 다른 대부분의 언어는 보다 일반적인 프로그램 개발을 위한 언어, 즉 **범용 언어**입니다. 파이선을 사용하면 데이터분석뿐 아니라 웹 애플리케이션, 애니메이션, 게임 등 매우 다양한 것들을 개발할 수 있습니다. 심지어 서로 다른 프로그래밍 언어로 작성된 프로그램들을 이어 붙이는 코드도 파이선으로 작성되곤 합니다. 따라서 파이선도 데이터분석, 통계학을 위해 사용할 수 있습니다.

하지만 그러려면 초심자들이 R에 비해 좀더 까다로운 절차를 거쳐야 하기 때문에 이 책에서는 파이선을 사용하지 않을 것입니다. 사실 R과 파이선은 데이터분석 업계에서 양대 산맥이라 할 정도로 1, 2위를 다투는 인기 있는 프로그래밍 언어입니다. 나중에 시간이 된다면 파이선도 배워보는 것을 추천하고 싶을 정도니까요.

PYPL이라고 프로그래밍 언어들의 인기 순위를 집계하는 곳(pypl.github.io/PYPL.html)이 있습니다. 2021년 9월 기준 R은 7위를 차지하고 있습니다. 순위로만 따지면 사실 파이선이 1위이긴 합니다. 하지만 앞서 말했듯이 파이선은 매우 다양한 분야에서 쓰이는 언어입니다. 이에 반해 R은 데이터분석이라는 용도 하나만으로 다른 범용 언어들을 제치고 7위에 랭크되었습니다. 이는 실로 엄청난 인기라고 할 수 있습니다. R의 인기를 실감할 수 있는 대목입니다.

R을 사용하면 각종 통계 분석과 확률 시뮬레이션을 손쉽게 할 수 있습니다. 현존하는 프로그래밍 언어들 중 R이 이런 기능을 가장 잘 지원한다고 해도 과언이 아닙니다. 또한 무료이기 때문에 누구나 내려받아서 컴퓨터에 쉽게 설치할 수 있습니다. 돈을 내고 구입해서 써야 하는 MATLAB, SAS, 마이크로소프트 엑셀Microsoft Excel 등의 통계 분석 프로그램에 비해 중요한 장점이라고 할 수 있죠.

R 설치방법

이 단락에서는 R을 설치하고 사용하는 방법을 알아보겠습니다. 앞서 이야기한 바와 같이 R은 무료이고 회원 가입이 따로 필요하지 않습니다. 설치 방법은 매우 간단합니다. 일단 R 프로젝트 웹사이트(www.r-project.org)에

접속하면 다음과 같은 초기 화면이 뜰 것입니다(접속 시점에 따라 조금 다를 수 있습니다). 그리고 화면 왼쪽에 있는 Download 항목 아래의 CRAN이라는 아이콘을 클릭합니다.

[Home]

Download

R Project

About R
Logo
Contributors
What's New?
Reporting Bugs
Conferences
Search
Get Involved: Mailing Lists
Developer Pages
R Blog

The R Project for Statistical Computing

Getting Started

R is a free software environment for statistical computing and graphics. It compiles and runs on a wide variety of UNIX platforms, Windows and MacOS. To download R, please choose your preferred CRAN mirror.

If you have questions about R like how to download and install the software, or what the license terms are, please read our answers to frequently asked questions before you send an email.

News

- R version 4.1.0 (Camp Pontanezen) has been released on 2021-05-18.
- R version 4.0.5 (Shake and Throw) was released on 2021-03-31.
- Thanks to the organisers of useR! 2020 for a successful online conference. Recorded tutorials and talks from the conference are available on the R Consortium YouTube channel.
- You can support the R Foundation with a renewable subscription as a supporting member

News via Twitter

그러면 CRAN Mirrors라는 웹사이트로 이동합니다. 나라 이름들과 웹사이트 목록들이 죽 뜨는데, 스크롤하여 내려보면 Korea라는 국가명이 있고, 그 아래에 여러 개의 웹사이트가 나열되어 있습니다. 각각은 R을 다운로드할 수 있는 서버를 의미합니다.

그중 아무거나 클릭하면 다음과 같은 화면이 뜹니다.

The Comprehensive R Archive Network

Download and Install R

Precompiled binary distributions of the base system and contributed packages, **Windows and Mac** users most likely want one of these versions of R:

- Download R for Linux (Debian, Fedora/Redhat, Ubuntu)
- Download R for macOS
- Download R for Windows

R is part of many Linux distributions, you should check with your Linux package management system in addition to the link above.

Source Code for all Platforms

Windows and Mac users most likely want to download the precompiled binaries listed in the upper box, not the source code. The sources have to be compiled before you can use them. If you do not know what this means, you probably do not want to do it!

- The latest release (2021-05-18, Camp Pontanezen) R-4.1.0.tar.gz, read what's new in the latest version.
- Sources of R alpha and beta releases (daily snapshots, created only in time periods before a planned release).
- Daily snapshots of current patched and development versions are available here. Please read about new features and bug fixes before filing corresponding feature requests or bug reports.
- Source code of older versions of R is available here.
- Contributed extension packages

Questions About R

- If you have questions about R like how to download and install the software, or what the license terms are, please read our answers to frequently asked questions before you send an email.

What are R and CRAN?

맨 위에 있는 세 개의 항목 중 컴퓨터 운영체제에 맞는 것을 선택하여 클릭합니다. 한국에서는 대부분 윈도우Windows를 사용하므로 Download R for Windows를 선택하면 되지만 애플사의 컴퓨터를 사용한다면 Download R for macOS를 선택해야 합니다. 리눅스를 설치해서 사용할 정도라면 아마도 컴퓨터에 대해 잘 알 테니 여기서 구구절절 설명할 필요는 없겠죠. Download R for Windows를 선택했다면 다음 화면이 나타날 것입니다.

R for Windows

Subdirectories:

base	Binaries for base distribution. This is what you want to **install R for the first time**.
contrib	Binaries of contributed CRAN packages (for R >= 2.13.x; managed by Uwe Ligges). There is also information on third party software available for CRAN Windows services and corresponding environment and make variables.
old contrib	Binaries of contributed CRAN packages for outdated versions of R (for R < 2.13.x; managed by Uwe Ligges).
Rtools	Tools to build R and R packages. This is what you want to build your own packages on Windows, or to build R itself.

클릭!

Please do not submit binaries to CRAN. Package developers might want to contact Uwe Ligges directly in case of questions / suggestions related to Windows binaries.

You may also want to read the R FAQ and R for Windows FAQ.

Note: CRAN does some checks on these binaries for viruses, but cannot give guarantees. Use the normal precautions with downloaded executables.

여기서는 그냥 base를 선택하면 됩니다. 그리고 다음 화면에 뜨는 Download R X.X.X for Windows(X.X.X는 버전 번호)를 클릭하면 설치 프로그램을 내려받을 수 있습니다.

이를 실행하면 설치가 시작되는데, 별다른 설정 없이 기본 설정 값만 계속 따라가면 됩니다. 딱 한 가지 주의할 점이 있는데, 컴퓨터 운영체제가 32비트냐 64비트냐를 정확히 설정해주어야 한다는 것입니다. 예전에는 32비트 운영체제도 많이 있었지만, 지금은 대부분 64비트로 교체되었습니다. 하지만 2010년대 초반에 출시된 컴퓨터에 오래된 운영체제가 깔려있다면 혹 32비트일 수도 있으니 주의하기 바랍니다. 운영체제의 비트 수를 확인하는 방법은 구글 등에서 검색을 해보면 쉽게 알 수 있습니다.

이제 윈도우 시작 버튼을 누르면 'R'이라는 폴더가 생성된 것을 볼 수 있습니다. 그 폴더 안에 있는 R 실행 아이콘을 더블클릭하거나 실행하면 R이 실행됩니다. 그러면 다음과 같은 화면을 볼 수 있습니다.

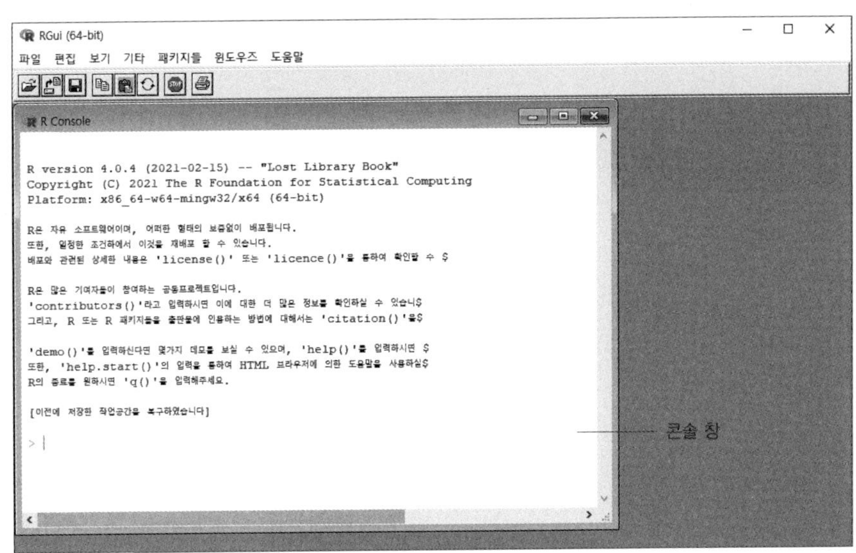

버전명은 설치 시점에 따라 다를 수 있습니다. 여기까지 왔다면 R이 제대로 설치된 것입니다. 시험 삼아 앞에서 이야기한 것을 한번 해봅시다. 화면에 보이는 창을 '콘솔 창'이라고 부릅니다. 콘솔 창을 클릭한 뒤 2+3을 입력하고 엔터 키를 누르면 다음과 같은 결과가 나타납니다.

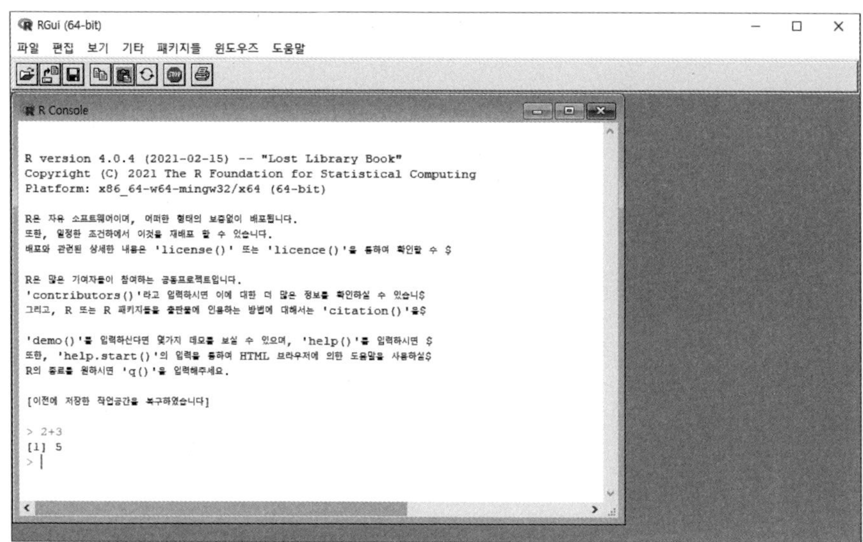


```
> 2+3
[1] 5
```

▶ 이 박스는 위 콘솔 창에 입력한 내용(파란 글씨)과 출력된 결과(검은 글씨)를 좀 더 보기 좋게 표시한 것입니다. 앞으로 콘솔 창은 이런 박스로 보여드리겠습니다.

이와 같이 R을 간단한 계산기로 활용할 수도 있습니다. 저도 가끔 간단한 계산을 할 일이 있을 때는 R을 계산기로 사용하곤 합니다. 그런데 R에서 콘솔에 직접 명령어를 입력하는 일은 드물고 대신 스크립트script라는 것을 작성합니다. 스크립트는 명령어를 여러 줄 입력해두고 일부분만 또는 모두 한꺼번에 실행할 수 있게 해주는 편집된 텍스트입니다. R 메뉴에서 〈파일File〉 – 〈새 스크립트New script〉를 클릭하면 새로운 빈 스크립트 창이 뜨는 것을 볼 수 있습니다.

이제 스크립트 편집기에 명령어를 입력하고 실행할 수 있습니다. 시험 삼아 2+3을 스크립트 창에 입력하고 실행해봅시다.

실행은 해당 줄에 커서를 맞추고 Ctrl+R을 누르면 됩니다. 그러면 다음과 같은 결과가 나타납니다. 콘솔에 직접 명령어를 입력하고 실행했을 때와 같은 결과가 나오는 것을 확인할 수 있습니다.

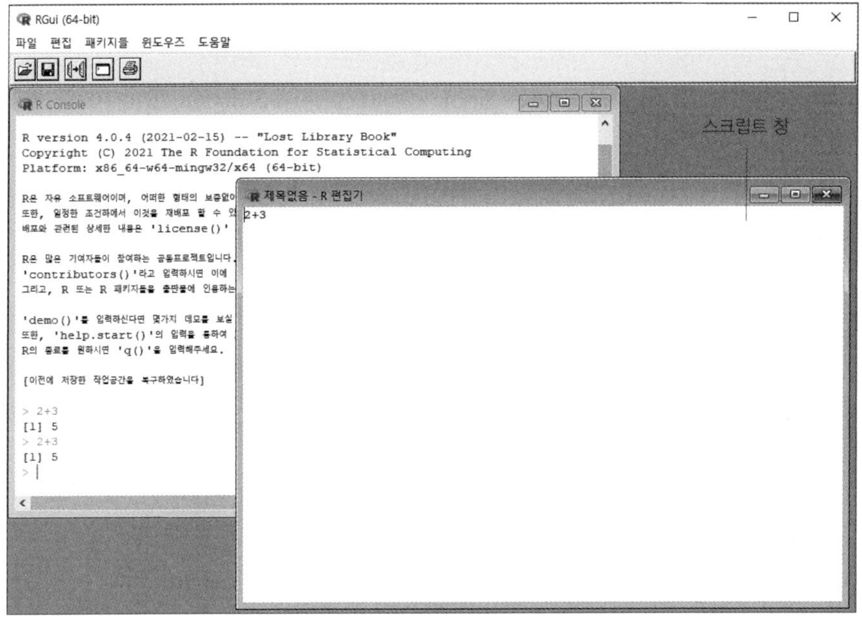


```
2+3
```

▶ 스크립트 창에 입력하는 코드는 앞으로 이런 박스로 보여드리겠습니다.

여기까지 따라왔다면 축하합니다! 이제 R을 설치하고 사용할 준비가 다 되었습니다. 물론 스크립트는 저장하고 나중에 불러올 수 있습니다. 대개 R로 데이터분석을 하는 사람들은 매우 긴 스크립트—경우에 따라 수백, 수천 줄짜리—를 작성하기 때문에 반드시 스크립트를 작성하고 나면 저장하는 습관을 들이는 게 좋습니다.

지금까지 R의 설치 방법과 기본 사용 방법에 대해 알아보았습니다. 다음 장부터 본격적으로 R을 사용하여 고등학교 '확률과 통계'의 개념들을 공부해보도록 하겠습니다.

어떤 도구로 통계학을 배울 것인가

지금도 그렇지만, 과거에는 통계학에 입문할 때 R이나 파이선 등의 프로그래밍 언어를 사용하는 것이 일반적이지 않았습니다. 널리 쓰는 마이크로소프트 엑셀을 통계 분석용으로 활용하거나, 또는 보다 덜 알려지고 이름도 생소한 SAS, SPSS, STATA 등 전문 소프트웨어를 통계 입문 과정에서 주로 사용했습니다.

그런데 이 소프트웨어들은 프로그래밍 언어와는 상당히 다릅니다. 가장 큰 차이점은 역시 사용의 편리함입니다. 특히 엑셀, SPSS 같은 프로그램을 쓰면 분석창에서 바로 데이터를 입력하고 수정할 수 있고, 명령어를 입력하는 대신 마우스 클릭 몇 번으로 원하는 분석을 빠르게 수행할 수 있습니다. 이런 장점 때문에 이 도구들은 통계 입문 과정, 특히 인문사회과학 분야의 통계 과정에서 여전히 높은 인기를 누리고 있습니다. 사실 고급 과정에서도 이런 도구들을 많이 사용합니다. 이 도구들에는 물론 단점도 존재합니다. 가장 큰 단점은 자유도가 떨어진다는 것입니다. 즉, 도구가 지원하는 분석 절차 외에 다른 것을 하고 싶어도 바로 기능을 추가하거나 새로 나온 분석 기법을 바로 적용하기가 다소 어렵습니다. 이런 이유

때문에 새로운 것을 시도해야 하는 통계 연구자들은 이미 만들어진 도구의 사용을 꺼리기도 합니다.

처음 통계학을 배우는 입장에서는 앞서 언급한, 편리한 분석 도구를 사용하는 것에는 분명 장점이 있습니다. 무엇보다 이런 도구들은 다루기 쉽고, 원하는 결과를 바로바로 빠르게 얻을 수 있습니다. 통계학만 해도 골치가 아픈데 굳이 프로그래밍까지 공부해야 하는 수고를 덜어주기도 합니다. 그래서 처음 통계학을 배우는 사람이라면 이미 잘 만들어진 통계 도구에 더 끌릴 가능성이 높습니다. 그런데 여기에는 한 가지 맹점이 있습니다. 통계학 이론을 충분히 이해하지 못한 상태에서 편리한 통계 분석 도구로 결과를 얻는 데만 익숙해지면, 스스로 무엇을 하는지조차 정확히 이해하지 못한 채 기계적으로 통계 절차를 적용하고 생각 없이 결과를 해석하게 될 수 있습니다. 다시 말해, 이런 도구들은 특히 통계학 초심자들로 하여금 생각 없이 통계 분석을 하게 할 위험성이 있다는 것입니다. 물론 도구 자체가 문제라기보다는 이를 사용하는 수용자들의 잘못이지만, 도구의 편리함이 너무 큰 나머지 기반 이론을 정확히 이해할 동기를 빼앗는 측면이 있는 것을 부정하기는 어렵습니다.

프로그래밍 언어로 소위 '밑바닥'부터 직접 코드를 짜보며 통계학을 이해하면 그런 위험을 줄일 수 있습니다. 물론 이 방법은 시간과 노력이 많이 들기 때문에, 초심자 입장에서 쉽게 선택할 수 있는 방법은 아닙니다. 하지만 장기적 관점에서는 충분히 시도해볼 만한 방법입니다. 특히 기계학습, 인공지능 같은 분야에서는 코딩 지식을 강조하기 때문에 코딩을 통한 통계학 학습을 적극 추천할 만합니다.

물론 어느 쪽을 선택하든 장단이 있으니 결정은 독자 여러분의 몫입니다. 하지만 이 책을 집어 드신 분이라면 시간과 노력을 더 투자해서 제대로 배우는 방향을 선택하시리라 믿어 의심치 않습니다.

02

경우의 수, 순열, 조합

코딩으로 확률과 통계 시작하기 ● R에서 변수 사용하기 ● 팩토리얼을 구하는 코드 짜기 ● 함수 만들기 ● R로 순열 구하기 ● R로 조합 계산하기 ● 프로그래밍으로 확률과 통계를 공부하는 이유

이 장에서는 경우의 수, 순열, 조합을 프로그래밍을 통해 어떻게 계산하는지 알아보겠습니다. 이런 것들이 수식 너머에서 구체적으로 어떻게 돌아가는지 알고 싶다면 가장 좋은 방법은 직접 '구현'해보는 것입니다.

코딩으로 확률과 통계 시작하기

이 장에서는 경우의 수와 순열, 조합을 프로그래밍을 통해 어떻게 계산할 수 있는지 살펴보겠습니다. 제 생각에 이런 것들이 수식 너머에서 구체적으로 어떻게 돌아가는지 알고 싶다면 가장 좋은 방법은 직접 '구현'해보는 것입니다. 여기서 '구현'은 수학 공식을 계산하기 위한 컴퓨터 코드를 작성하는 것을 말합니다. 근성 있는 독자라면 손으로 일일이 나열할 수도 있겠지만 경우의 수가 조금만 커지면 하기 힘들어집니다. 물론 자신 있는 분들은 손으로 해도 됩니다. 다음의 사례는 손으로 푼 근성을 보여준 경우인데 어디까지나 숫자가 크지 않을 때나 가능하겠죠?

예를 하나 들어보겠습니다. 고등학교 1학년 때쯤 수학 시간에 팩토리얼factorial을 배웠을 것입니다. 혹시 잊어버린 분들을 위해 복기하면 숫자 뒤 느낌표(!)로 표시하는 팩토리얼은 어떤 자연수가 있을 때 그 수부터 시작하여

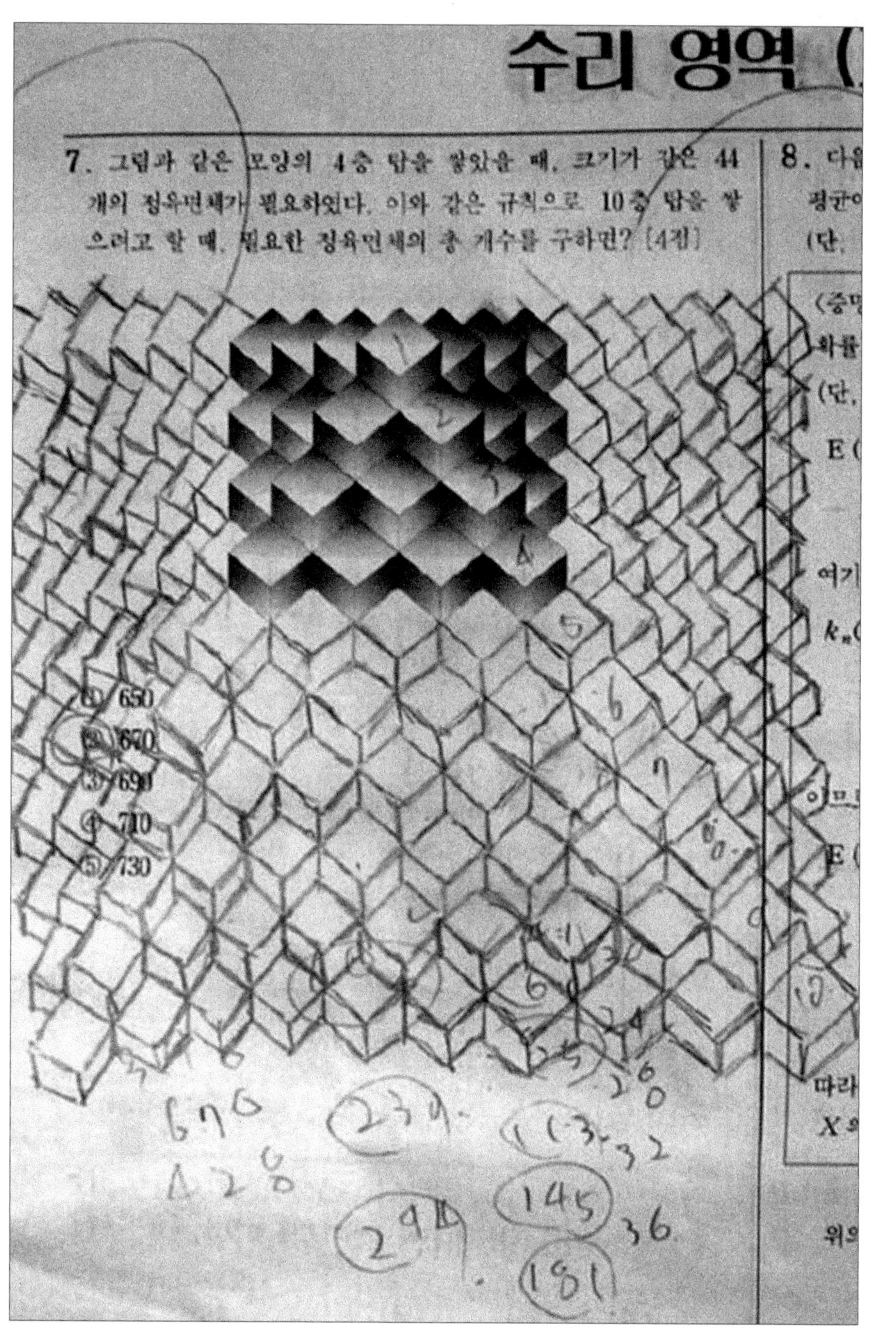

▶ 수열의 규칙을 찾는 대신 손으로 푸는 근성을 보여준 이 사례는 2011년에 여러 인터넷 커뮤니티에서 화제가 되었습니다.

1씩 빼면서 1까지 모두 곱하는 것을 말합니다. 그런데 마지막 1은 곱하나마나이기 때문에 2까지만 곱하면 됩니다. 이를테면 5!은 5×4×3×2로 계산하면 120입니다. 여기까지는 별것 아닌 것처럼 여겨지지만 팩토리얼은 숫자가 커지면 커질수록 곱해야 하는 수가 엄청 불어나 무서운 숫자가 됩니다. 예를 들어 10!은 3,628,800입니다. 100!은 상상하기도 힘든 숫자입니다. 컴퓨터로 계산해보니 무려 158자리 숫자입니다. 이런 계산을 손으로 할 수는 없죠. 이때에는 컴퓨터에 맡기는 것이 최고입니다. 컴퓨터computer라는 것이 뭡니까? 계산computing을 시킬 수 있는 도구 아니던가요?

사실 이 장의 또 다른 목적은 이런 것들을 계산하면서 R 언어와 친해지는 것입니다. 앞으로 살펴보겠지만, 아주 높은 수준의 프로그래밍 지식이 있어야만 이런 것들을 계산할 수 있는 것은 아닙니다. 간단한 조작법 및 명령어 몇 가지만 사용할 줄 알면 누구나 쉽게 할 수 있습니다. 물론 그 과정에서 프로그래밍을 깊이 파기보다는 그 아이디어에 더 집중할 것입니다. 자, 그럼 시작해볼까요?

R에서 변수 사용하기

1장에서 R을 설치하고 실행하는 것까지 해보았습니다. 이번에는 다음의 코드를 스크립트 편집기에 작성하고 실행해보겠습니다. 이 코드의 각 줄이 무엇을 의미하는지는 지금 설명하지는 않겠습니다. 목표는 명령어를 실행해보는 것입니다.

```
x <- 5
x * x
```

▶ 프로그래밍에서 곱하기는 영어 알파벳 'x'가 아니라 특수문자 별표(*)로 나타냅니다.

R 스크립트 창에서 명령어를 실행하려면 작성한 코드를 마우스로 드래그하거나 단축키 Ctrl+A를 사용하여 선택하고 실행 단축키인 Ctrl+R을 누르면 됩니다. 제대로 실행되었다면 콘솔 창에 25라는 결과가 나타날 것입니다. 짐작했겠지만 앞에서 구현한 것은 한 변의 길이가 x인 정사각형이 있을 때 그 넓이를 계산하여 출력하는 매우 간단한 작업입니다.

여기서 질문입니다. 앞에서 5라는 숫자를 6으로 바꾸면 어떻게 될까요? 앞의 코드는 정사각형 넓이를 구하는 것이므로 결과는 당연히 36으로 바뀔 것입니다. 실행해보면 실제로 그 값이 출력됩니다. 그런데 이렇게 할 수 있는 것은 우리가 정사각형의 한 변의 길이를 고정되어 있는 값이 아니라 어떤 변수variable라고 보기 때문입니다. 그리고 그 변수, 즉 정사각형의 한 변의 길이는 앞의 코드에서 x라는 이름을 갖고 있습니다. 프로그래밍에서 변수는 어렵게 생각할 것 없이 어떤 값을 저장하는 저장소 같은 것이라고 생각하면 이해하기 쉽습니다.

그런데 변수에는 하나의 값만 저장할 수 있는 것이 아닙니다. 사용자가 원하는 만큼 많은 값을 하나의 변수에 저장하는 것이 가능합니다. 예를 들어 다음의 코드는 5와 6을 순서대로 x라는 변수에 저장합니다.

```
x <- c(5, 6)
```

변수에 여러 값을 저장하고 싶다면 앞에서와 같이 c( )라는 명령어 안에 쉼표로 값을 구분하여 넣기만 하면 됩니다. 쉽죠? 컴퓨터 메모리가 허락하는 한 아무리 많은 값을 넣어도 괜찮습니다. 보통 데이터분석을 하면 적게는 수백, 보통은 수만, 수십만 개의 값을 하나의 변수에 넣습니다. 이런 변수를 **벡터**vector라고 부릅니다. 이제 저장한 값을 불러오려면 어떻게 해야 할까요? 벡터 안에서의 위치만 대괄호 속에 넣어주면 됩니다. 첫 번째 숫자인 5를 출력하려면 x[1][1]을, 6을 출력하려면 x[2]를 실행하면 됩니다.

```
> x[1]
[1] 5
> x[2]
[1] 6
```

간단합니다. 이 정도면 일단 우리가 실행하려는 것을 하는 데 충분합니다. 다음으로 넘어가 봅시다.

1 일부 프로그래밍 언어들은 순서를 매기는 번호가 0부터 시작하는 경우도 있습니다. 하지만 R은 1부터 시작합니다. 이것은 R 언어의 중요한 특징입니다.

팩토리얼을 구하는 코드 짜기

팩토리얼을 계산하는 것은 간단합니다. 어떤 숫자가 있으면 그 숫자부터 시작하여 1씩 빼면서 2가 될 때까지 계속 곱하면 됩니다. 참고로 어떤 작업이 있을 때 그것을 실행하는 과정을 단계적·구체적으로 나누어놓은 것을 **알고리즘**algorithm이라고 합니다. 즉 '그 숫자부터 시작해서 1씩 빼면서 2까지 계속 곱하기'는 **팩토리얼을 구하는 알고리즘**이라고 할 수 있습니다. 알고리즘은 꼭 프로그래밍 언어로 표현해야 한다고 생각할 수 있지만, 그것은 틀린 생각입니다. 알고리즘은 이처럼 추상적인 것을 의미하고, 프로그래밍 언어로 짠 것은 알고리즘을 구현한 것입니다.

그런데 곱셈은 순서를 바꾸어도 상관없으므로(교환법칙이 성립하므로) 순서를 조금 뒤집어서 프로그램을 짜보겠습니다. 코드는 그렇게 길지 않습니다. 10!을 계산하여 그 결과를 화면에 출력하는 R 코드는 다음과 같습니다.

```
x <- 1
for (i in 2:10) {
  x <- x * i
}
x
```

x에 1을 먼저 저장한 것은 숫자를 계속 곱할 시작점이 필요하기 때문입니다. 그 숫자는 당연히 1이어야겠지요. 그다음 줄을 보니 for라는 단어가 보입니다. 영어로 for는 일반적으로 '위하여' 또는 '동안'이라는 뜻으로 해석

하죠? 하지만 프로그래밍에서 for는 보통 '괄호 안에 있는 문자를 ~부터 ~까지 계속 변화시키면서 어떤 일을 반복해라'라는 의미를 갖고 있습니다. 그래서 for가 사용된 명령어 부분을 **반복문** 또는 **루프**loop라고 합니다.

앞에서 for 있는 줄의 의미는 i라는 변수에 2부터 10까지의 값을 차례로 대입하고, 대입할 때마다 중괄호({ }) 안에 있는 작업을 실행하라는 뜻입니다. 중괄호 안에 있는 명령어는 x라는 변수에 x * i를 계산해서 넣으라는 뜻입니다. 화살표(<-)를 볼 때마다 이 친구가 하는 일은 오른쪽을 계산해서 왼쪽에 넣는 것이라고 생각하면 됩니다.[2]

그럼 이제 차근차근 살펴볼까요? 맨 처음 i에 2가 저장되었을 때에는 이미 x에 저장되어 있던 값인 1을 갖고 와서 그것을 i의 값인 2와 곱한 다음 x에 덮어씌웁니다. 그러면 x에는 2가 저장되어 있겠죠? 이제 한 바퀴가 끝나고 i는 2의 다음 값인 3이 됩니다. 그리고 이번에는 x에 저장된 값인 2를 갖고 와서 3과 곱합니다. 그 결과는 6이 되겠죠. 그 값을 다시 x에 저장합니다. 이 과정을 반복하면 2부터 10까지 모두 곱할 수 있습니다. 다시 말해 x에는 **팩토리얼**이 저장되는 것입니다. 계산이 끝나고 마지막 줄에서 x를 호출하면 그 값인 3,628,800이 콘솔 창에 출력됩니다. 이해가 잘 되지 않는다면 앞 문단부터 천천히 다시 읽어보면서 코드를 따라 쳐보시는 것을 권합니다.

지금까지 한 것은 사실 그리 대단한 작업이 아닙니다. 우리가 머릿속에 갖고 있던 팩토리얼 계산 방법을 구체화하여 프로그래밍 언어로 일종의 '번역'을 한 것에 불과하죠. 이것이 프로그래머가 프로그래밍을 한다고 할 때 일어나는 일의 전부입니다. 단지 그 정도가 더 복잡해질 뿐 본질은 똑같습니다.

....

2 이런 이유로 화살표를 '할당 연산자'라고도 부릅니다.

앞에서 만약 10!이 아니라 다른 값, 예를 들어 20!을 계산하고 싶다면 어떻게 하면 될까요? 간단합니다. 코드에서 10을 20으로 바꾸기만 하면 됩니다.

```
x <- 1
for (i in 2:20) {
  x <- x * i
}
x
```

함수 만들기

앞에서 10! 대신 20!을 구할 땐 10을 20으로 바꾸면 된다고 했는데, 이는 번거로운 방법입니다. 왜냐하면 매번 10이 어디 있는지 찾아야 하고 프로그램 길이가 길어지면 여기저기에서 10이라는 숫자가 튀어나올지도 모르기 때문입니다. 그럴 때 정확히 어디에 위치한 숫자 10을 20으로 바꾸어야 할지 혼란이 생길 수 있습니다. 자칫 숫자를 잘못 바꾸기라도 하면 큰일날 수 있습니다. 프로그램 전체가 실행이 안 될 수 있으니까요.

그런데 잘 살펴보면 앞의 프로그램에서 변화시키려고 하는 값이 하나뿐이라는 사실을 알 수 있습니다. 바로 2부터 어떤 숫자까지 곱할 것이냐 하는 것입니다. 그렇다면 코드의 나머지 부분은 그대로 놔두고 그 어떤 숫자만 편하게 바꿀 수 있는 방법은 없을까요? 이때 사용할 수 있는 것이 바로 함수입니다. 여러분이 수학 시간에 배웠던 그 함수 맞습니다. 하지만 중학교 때 함수 단원을 처음 배울 때처럼 세로로 긴 타원형 집합 두 개를 그려두고 x에서 y로 화살표를 그리는 이상한 방식으로 생각할 필요는 없습니다(저는 그런 설명 방식을 별로 좋아하지 않습니다). 여기서 함수는 일종의 자판기, 즉 어떤 값을 입력하면 그에 해당하는 결과가 출력되는 것입니다. 예를 들어 $y = 2 \times x$라는 함수가 있으면 이것은 x라는 **투입구**에 어떤 숫자, 가령 2를 넣으면 y라는 **배출구**에 그 결과인 4가 나오는 자판기와 같은 것입니다. 그 이상도, 이하도 아닙니다.

그럼 팩토리얼을 계산하는 문제에서는 무엇이 입력이고, 무엇이 출력일까요? 당연히 n!에서 n에 해당하는 숫자가 입력이고 계산된 팩토리얼의 값이 출력입니다. 긴말할 것 없이 바로 팩토리얼의 값을 구하는 R 함수를 살펴보겠습니다.

```
fact <- function(n) {
  x <- 1  # x라는 변수에 1을 저장한다
  for (i in 2:n) {  # i라는 변수에 2부터 n까지 대입한다
    x <- x * i  # x에 i를 곱해서 다시 x에 대입한다
  }
  return(x)  # x의 값을 결과로 내보낸다
}
```

▶ 중괄호({ }) 안에 들어간 코드를 보면 공간을 띄워둔 것을 볼 수 있는데, 이는 코드를 읽기 편하게 하기 위한 일종의 관습입니다.

R에서 함수를 만들려면 function이라는 명령어를 사용하면 됩니다. 그

리고 괄호 뒤에 입력값의 이름을 넣어줍니다. 앞에서는 n이라고 했지만 사실 m이어도 되고, r이어도 되고 무엇이든 상관없습니다. 심지어 nm, xy와 같이 두 글자 이상이어도 괜찮습니다. 그리고 함수가 입력값을 갖고 실행할 일을 for 명령어의 경우처럼 중괄호 안에 넣어줍니다. 우리가 하려는 것은 팩토리얼을 계산하는 일이므로 앞에서 쓴 코드를 그대로 넣어주면 됩니다. 한 가지 변한 것이 있다면 앞에서 10이나 20이 있던 자리에 n이 들어갔다는 점입니다. 그러므로 앞 코드가 하는 일은 n이 주어졌을 때 2부터 n까지 곱하는 것입니다. 그렇게 계산된 값은 x에 저장됩니다.

함수가 일을 다 했으면 마지막으로 그 결과를 내보내야 합니다. 이를 위해서는 return 명령어를 사용하면 됩니다. 앞의 코드는 팩토리얼이 계산된 값인 x를 출력값으로 내보냅니다. 이렇게 작성된 함수에 fact라는 이름을 붙였습니다. 함수에 이름을 붙일 때는 앞에서 했던 것처럼 화살표 기호(<-)를 사용하여 할당하면 됩니다.

이제 만들어진 함수를 불러보겠습니다. 만들어진 함수를 사용하는 방법은 간단합니다. 함수 이름을 호출하고 입력값을 괄호 안에 넣어주면 됩니다. 앞의 함수를 사용하여 5!의 값을 구하려면 다음과 같이 실행하면 됩니다.

```
> fact(5)
[1] 120
```

그 결과 120이 출력됩니다. 5를 10으로 바꾸면 3,628,800이 나오고 20으로 바꾸면 앞에서 살펴보았던 값이 출력됩니다. 이제 팩토리얼을 구할 때마다 코드에서 매번 특정 부분의 값을 바꾸고, 블록을 지정하고, Ctrl+R을 누를 필요가 없습니다. 이 함수만 사용하면 모든 팩토리얼의 값을 구할 수 있습니다. 함수는 R뿐 아니라 다른 프로그래밍 언어에서도 매우 기본적이고 핵심적인 내용이기 때문에 알아두면 코딩 공부에 큰 도움이 될 것입니다.

R로 순열 구하기

여기까지 왔으면 사실 순열과 조합 단원은 거의 다 한 것이나 다름없습니다. 왜냐하면 순열과 조합은 팩토리얼을 이용하면 계산할 수 있기 때문입니다. 배운 지 너무 오래되어 기억이 나지 않는 분들을 위해 되짚어보면 순열은 서로 다른 것들이 있을 때 그중에서 몇 개를 뽑아 줄을 세우는 경우의 수입니다. 여기서 **줄을 세운다**라는 표현에는 이미 순서를 고려한다는 의미가 내포되어 있습니다. 수학 교과서에서는 이것을 ${}_nP_r$로 표현합니다. 물론 여기서 r은 n보다 작거나 같아야겠죠. n개 중 r개를 고른다는 의미이기 때문입니다.

먼저 순열을 계산할 때 공식을 쓰지 않고 가능한 경우를 일일이 다 나열한 뒤 개수를 세어보는 방법을 생각해봅시다. 사람 손으로 하면 매우 고단한 작업이겠지만 컴퓨터는 지치지 않기 때문에 시간만 충분히 주면 이런 일을 쉽게 해냅니다. 이런 방식의 문제 해결 전략을 **브루트 포스**brute force라고 합니다. 머리를 별로 쓰지 않고 순전히 **힘**으로만 문제를 해결한다는 뜻입니다. 그 '힘'이 근력일 수도 있지만 계산 능력일 수도 있겠죠. 이렇게 수학 문제를 풀 때 가장 무식하지만 확실한 방법은 경우의 수를 모두 나열해보는 것입니다. 여기서 우리의 역할은 그 작업을 직접 하는 것이 아니라 컴퓨터에게 그 일을 실행시킬 방법을 궁리하는 것입니다. 즉, **경우의 수를 나열할 알고리즘**을 짜는 것입니다. 문제를 단순화하기 위해 여기서는 n개 중 두 개를 골라 순서대로 나열하는 경우의 수를 생각해보죠. 어떻게 하면 될까요?

일단 n개 중 하나를 선택하여 빼둡니다. 그리고 나머지 n-1개 중 또 하나를 골라 아까 빼둔 것 다음에 붙입니다. 이 작업을 하나씩 순차적으로 모두 실행합니다. 그럼 모든 경우의 수를 다 고려할 수 있습니다. 쉽죠? 예를 들어 1부터 5까지의 숫자가 있을 때 두 개를 골라 순서대로 나열하는 방법을 생각해봅시다. 일단 1을 골라서 빼둡니다. 그러면 2부터 5까지 남겠죠. 이것들을 하나씩 돌아가면서 선택하여 1 뒤에 붙입니다. 5까지 하면 모두 끝납니다. 그 결과 (1, 2), (1, 3), (1, 4), (1, 5) 네 개의 순서쌍을 얻습니다. 그러면 이제 다음 차례로 1은 원래대로 되돌려놓고 2를 빼둡니다. 그러면 1, 3, 4, 5가 남죠. 이 숫자들을 돌아가면서 한 번씩 빼서 2 뒤에 붙이고, 이것을 반복하여 마지막 5까지 실행하면 끝납니다. 이제 이 알고리즘을 컴퓨터가 수행하도록 시키면 됩니다. 혹시 직접 해보고 싶은 분이 있다면 여기서 잠깐 책을 덮고 프로그램을 작성해보기 바랍니다.

다음은 $_5P_2$를 계산할 때 가능한 모든 경우의 수를 보여주는 R 코드입니다(물론 반드시 다음과 같은 형식으로 작성할 필요는 없습니다).

```
x <- c(1,2,3,4,5)  # x에 고를 숫자들을 넣는다
count <- 0  # 경우의 수를 초기화한다
for (i in 1:5) {  # i에 1에서 5까지 대입한다
```

```
    x2 <- x[x != i]  # x2에 i가 아닌 숫자들만 넣는다
    for(j in 1:4) {  # j에 1부터 4까지 대입한다
      print(c(i, x2[j]))  # i와 x2의 j번째 숫자를 출력한다
      count <- count + 1  # 경우의 수를 하나 추가한다
    }
  }
  print(count)  # 모든 경우의 수를 출력한다
```

▶ 코딩에서 '!='은 같지 않다는 뜻입니다. 수식에서 '≠'와 같습니다. x[x != i]는 (1, 2, 3, 4, 5)라는 값으로 이루어진 x에서 i번째가 아닌 값들을 가리킵니다. 즉 i가 1일 때는 (2, 3, 4, 5)가 x2에 대입되고, i가 2일 때는 (1, 3, 4, 5)가 x2에 대입됩니다.

앞에서는 어떤 변수의 값을 출력할 때 print( ) 명령어를 사용하지 않았지만 사실 사용하는 것이 보다 정확합니다. 특히 앞의 예제에서처럼 for 명령어 안에서 무엇인가를 출력하고 싶을 때 그냥 변수 이름만 호출하면 출력이 아예 안 되기 때문에 print( ) 명령어를 반드시 사용해야 합니다. 앞의 코드에서는 1부터 5까지의 숫자를 x에 저장하고 순서쌍의 수를 세기 위해 count라는 변수에 0을 초깃값으로 주었습니다. 그리고 순서쌍을 하나씩 찾을 때마다 count에 1을 더할 것입니다. 그렇게 다 세고 나면 count에는 순서쌍의 총 개수가 저장됩니다.

이제 1부터 5까지 돌아가면서 하나씩 빼야 하는데, 앞의 x2 <- x[x != i]라는 부분이 그것을 담당합니다. 이 부분에 대한 긴 설명은 줄이고 그냥 i에 저장된 값만 빼고 나머지를 x2라는 변수에 저장한다고 이해하면 됩니다. 예를 들어 x2 <- x[x != 2]를 실행하면 x2에는 1에서 5까지의 숫자 중 2가 아닌 것들, 다시 말해 1, 3, 4, 5가 저장됩니다. 이제 남은 네 개의 값 중 하

나를 돌아가면서 이미 뺀둔 값 뒤에 붙이면서 경우의 수를 세면 됩니다. 이를 위해 for 명령어 안에서 다시 for 명령어를 썼습니다. 이렇게 for 안에 for가 있을 때 안의 for가 한 바퀴 돌면서 실행되는 동안에는 바깥의 for에서 할당된 값은 변하지 않습니다. 예를 들어 i가 1에서 2로 변하고 나면 안에 있는 j가 1부터 4까지 변하는 동안 i의 값은 2로 유지됩니다. 이 작업이 모두 끝나면 i는 3으로 변하고 j는 다시 1부터 4까지 변합니다. 이런 것을 **더블 루프**double loop라고 부릅니다.

이 더블 루프가 어떻게 돌아가는지 이해하려면 코드를 꼭 직접 입력하고 실행해보기를 권합니다. print(c(i, x2[j]))는 그렇게 만든 순서쌍을 화면에 출력하고 count <- count + 1은 count에 1을 적립해줍니다. 어떤 순서쌍들이 차례로 출력되는지 직접 확인하면 앞서 말한 더블 루프의 작동 원리를 이해하는 데 큰 도움이 될 것입니다. 이렇게 가능한 모든 경우의 수를 센 다음 총 몇 개의 경우가 있었는지 확인하기 위해 print(count)를 실행합니다. 그러면 20이라는 값이 나오는데, 이것은 ${}_5P_2$의 값과 정확히 일치합니다.

사실 경우의 수 관련 문제는 대부분 이렇게 일일이 다 세는counting 방법으로 풀 수 있고 이것은 이 장 도입부에서 살펴보았던 이른바 '노가다' 풀이법의 원리이기도 합니다. 그리고 이 방법은 어떤 경우든 적용이 가능합니다. 가령 앞에서 두 개가 아니라 세 개를 선택하여 줄 세우는 방법의 수는 R로 어떻게 계산하면 될까요? 그렇습니다. for 명령어를 세 번 사용하면 됩니다. 구체적인 적용 사례는 생략하겠습니다.

그런데 그럴 필요 없이 수학 교과서에 나오는 공식을 쓰면 바로 풀 수 있습니다. 교과서에 따르면 ${}_nP_r=n!/(n-r)!$입니다. 이 공식이 왜 성립하는지는 조금만 생각해보면 금방 알 수 있습니다. ${}_nP_r$을 직접 계산하는 방법을 생각해볼까요? 팩토리얼처럼 n부터 1까지 다 곱하는 대신 n부터 $(n-r)$까지 r의 숫자를 나열하면서 곱하면 됩니다. 예를 들어 ${}_5P_2$라면 5부터 시작하여 1씩 빼면서 숫자 두 개만 곱하면 됩니다. 즉, 5부터 4까지만 곱하면 되는데, 결과는 앞에서 보았던 바와 같이 20으로 동일합니다.

그런데 이것을 뒤집어 생각해보면 n개의 숫자 중 r개까지 곱한다는 것은 그 뒤의 $(n-r)$개의 숫자를 생략하는 것과 같고, 이것은 애초에 n!을 계산한 다음 그 뒤에 쓸데없이 곱해진 $(n-r)$개의 숫자로 도로 나누는 것과 같습니다. 그러면 마지막 $(n-r)$개의 숫자가 약분되는데, 이것은 그만큼의 숫자를 뒤에서부터 생략하는 것과 같겠죠? 이것이 순열을 계산할 때 $n!$을 $(n-r)!$로 나누는 것의 의미입니다.

그런데 이미 팩토리얼을 구하는 함수를 작성했고 이제 그 함수를 사용하면 순열을 구할 수 있습니다. 예를 들어 ${}_5P_2$를 계산하려면 어떻게 해야 할까요? `fact(5) / fact(5-2)`를 계산하면 됩니다. 그러면 20이라는 결과가 나옵니다. 이것을 R 함수로 만들면 다음과 같습니다(앞에서 만든 `fact`라는 함수가 있다고 가정하겠습니다).

```
perm <- function(n, r) {
  return(fact(n) / fact(n-r))
}
```

함수 이름인 `perm`은 순열을 의미하는 영어 단어 permutation을 줄인 것입니다. 이번에는 입력값이 n과 r 두 개라는 점에 주목합시다. ${}_nP_r$ 자체가 두 개의 숫자에 의해 결정되기 때문입니다. 이것을 받아서 perm이라는 함수는 순열의 값을 출력해줍니다. 이를테면 perm(5, 2)라고 치면 20이라는 값을 보여줍니다. 앞서 살펴보았던 단순 무식한 방법에 비해 훨씬 간단하죠? 프로그래머들이 코딩할 때는 이런 것을 매우 주의 깊게 생각합니다. 프로그램이 끝나는 데 걸리는 시간에 결정적 영향을 주기 때문입니다. 일일이 다 세는 방식으로 ${}_nP_r$을 계산할 때보다 공식을 사용했을 때 요구되는 단계의 수가 훨씬 적습니다. 물론 실행된 명령의 종류가 달라 직접 비교하기는 힘들지만 말입니다. 효율적인 알고리즘을 통해 적은 횟수의 명령어 실행만으로도 원하는 결과를 얻는 것은 좋은 알고리즘이 갖추어야 할 중요한 조건입니다.

R로 조합 계산하기

마지막으로 조합combination을 계산해보겠습니다. 사실 조합은 순열과 딱 한 가지 다른 점이 있는데, 바로 순서를 고려하지 않는다는 것입니다. 예를 들어 포커를 칠 때 손에 쥐고 있는 카드가 먼저 들어왔는지, 나중에 들어왔는지는 전혀 중요하지 않습니다. 또는 주사위 두 개를 던졌을 때 어떤 주사위가 무슨 눈이 나왔는지보다 어떤 눈이 나왔는지가 중요합니다. 그 결과 순서가 다르더라도 같은 것으로 간주하기 때문에 순열에 비해 경우의 수가 줄어듭니다. 가령 1, 2, 3 세 숫자를 줄 세우는 방법은 총 3! = 6가지가 있습니다. (1, 2, 3), (1, 3, 2), (2, 1, 3), (2, 3, 1), (3, 1, 2), (3, 2, 1)인데 순열을 계산할 때는 모두 다르게 취급합니다. 그러나 조합을 계산할 때는 이 여섯 개 모두 똑같은 경우로 간주합니다. 순서를 무시하면 각 순서쌍을 구성하는 숫자들은 같기 때문입니다.

일반적으로 n개 중 r개를 골랐을 때 이것들을 고른 순서대로 줄 세우는 방법은 그 팩토리얼, 즉 $r!$개가 있습니다. 즉 각각의 조합에 대해 고른 순서를 고려하면 서로 다른 $r!$개가 나옵니다. 그러므로 순열은 조합에 비해 $r!$배 만큼 더 많기 때문에 거꾸로 순열을 $r!$로 나누면 조합의 개수가 됩니다. 수식으로 표현하면 ${}_nP_r/r!={}_nC_r$입니다. 앞의 예에서 순열의 개수는 1, 2, 3 세 숫자 중 세 개 모두를 뽑아 줄을 세웠기 때문에 n과 r 모두 3, 즉 ${}_3P_3$인데, 이를 $r! = 3! = 6$으로 나누면 1을 얻는 것입니다.

더 이상 긴 설명을 할 것 없이 조합을 계산하는 R 코드를 살펴봅시다. 앞의 코드에서처럼 다섯 개 중 두 개를 고르는 데 순서를 고려하지 않는다고 가정하겠습니다.

```
x <- c(1,2,3,4,5)
count <- 0
for (i in 1:4) {
  for(j in (i+1):5) {
    print(c(i, j))
    count <- count + 1
  }
}
print(count)
```

앞의 코드와 조금 다른 것을 확인할 수 있습니다. 순열을 계산할 때는

for(j in 1:4)였던 것이 조합을 계산할 때는 for(j in (i+1):5)로 바뀌었습니다. 이것은 i에 값이 할당되면 j를 i+1부터 5까지 변화시키라는 뜻입니다. 이렇게 하는 이유는 중복을 막기 위해서입니다. 예를 들어, 앞과 같은 방식으로 경우의 수를 세면 (2, 4)는 고려되지만 (4, 2)는 고려 대상에서 제외됩니다. (4, 2)가 불가능한 이유는 for(j in (i+1):5)에서 j가 i보다 항상 클 수밖에 없도록 설계되어 있기 때문입니다. 이렇게 경우의 수를 모두 출력하고 모든 경우의 수를 count에 저장한 뒤 출력하면 조합의 값이 됩니다. 앞의 예제를 실행하면 ${}_5C_2={}_5P_2/2!=10$이므로 10이 출력됩니다.

물론 앞에서 사용한 팩토리얼 공식으로 계산하는 함수를 짤 수도 있습니다. 애초에 순열을 팩토리얼로 계산할 수 있었기 때문에, 다시 말해 ${}_nP_r=n!/(n-r)!$이었고, 순열과 조합 사이의 변환도 팩토리얼을 쓰면 ${}_nP_r/r!={}_nC_r$이므로, 이 두 공식을 조합하면 ${}_nC_r=n!/(n-r)!/r!$이라는 결과를 얻습니다. 이 공식을 이용하면 다음과 같이 간단하게 조합을 계산하는 코드를 만들 수 있습니다.

```
comb <- function(n, r) {
  return(fact(n) / fact(n-r) / fact(r))
}
```

물론 이 방식은 앞에서 보았던 것처럼 모든 경우의 수를 고려하는 것에 비해 훨씬 빨리 결과를 얻을 수 있게 해줍니다. 프로그래밍에서 수학 공식은 때로 엄청난 양의 시간을 절약할 수 있게 해줍니다.

확률에 대한 구체적인 이야기는 다음 장에서 살펴보겠지만, 넘어가기 전에 마지막으로 이 함수를 사용하여 로또 복권 1등 당첨 확률을 계산해볼까요? 이 값은 약 814만 분의 1 정도로 알려져 있습니다. 즉, 814만 이상의 경우 중 1등은 단 하나 존재한다는 말입니다. 그런데 이 숫자는 어떻게 나왔을까요? 로또 복권에는 45개의 숫자가 있고 그중 여섯 개의 숫자를 고르는데, 1등에 당첨되려면 숫자 여섯 개를 모두 정확히 맞혀야 합니다. 그런데 숫자 여섯 개를 고르는 순서는 아무 상관이 없으므로 숫자를 고르는 모든 경우의 수는 ${}_{45}C_6$이고 그중 하나만이 1등에 당첨됩니다. 그러면 ${}_{45}C_6$을 앞의 함수를 써서 계산해봅시다. 다음을 콘솔 창이나 스크립트 창에 입력합니다.

```
comb(45, 6)
```

이것을 실행하면 8,145,060이라는 숫자를 얻고 이것이 45개의 숫자 중 순서에 상관없이 여섯 개를 고르는 경우의 수입니다. 따라서 그중 단 하나의 1등 당첨 숫자 조합을 고를 확률은 8,145,060분의 1이 됩니다.

프로그래밍으로 확률과 통계를 공부하는 이유

지금까지 R이라는 프로그래밍 언어를 사용하여 경우의 수, 팩토리얼, 순열, 조합을 계산하는 방법에 대해 살펴보았습니다. 물론 여기서는 다루지 않았지만 고등학교 확률과 통계에 나오는 개념들, 예를 들어 중복순열이나 중복조합 등도 코딩으로 다 계산할 수 있습니다.

그리고 그런 코딩을 하는 것이 프로그래머들과 통계학자들이 매일같이 하는 일의 정체입니다. 하지만 꼭 이런 경우가 아니더라도 가능한 한 모든 경우를 고려하는 것은 일반적으로 프로그래밍에서 매우 중요합니다. 그렇지 않으면 예외적인 경우가 발생하여 버그가 날 수 있습니다. 이런 예외적인 경우를 에지 케이스edge case라고 부르기도 합니다. 에지 케이스를 해결하는 것 또한 프로그래머들이 매일 하는 일 중 하나입니다. 사실 굉장히 스트레스를 받는 일이기도 합니다. 프로그램의 크기가 커지고 복잡해질수록 어떤 에지 케이스가 발생할지 모두 예상하기란 어렵기 때문입니다.

여기까지 잘 따라온 분들은 눈치챘겠지만, 코딩을 통해 확률과 통계를 공부할 때의 장점은 크게 두 가지가 있습니다. 하나는 그게 실제로 어떻게 돌아가는지 눈으로 보고 확인할 수 있다는 것입니다. 교과서의 공식만으로 문제를 풀면 그게 무슨 의미인지 알기 힘든 것에 비해 큰 차이입니다.

두 번째 장점은 수식이 있을 때 그것을 실제로 어떻게 계산해야 하는지 매우 구체적으로 생각하게 된다는 것입니다. 프로그래밍은 단 한 자라도 틀리면 절대 돌아가지 않습니다. 컴퓨터는 융통성이라는 것이 전혀 없죠. 그래서 우리가 계산 과정에 대해 아주 명료한 생각을 갖고 있지 않으면 그것을 프로그래밍 언어로 옮길 수조차 없습니다. 뒤집어 말하면 프로그래밍은 우리에게 명료한 사고를 강제하는 효과가 있습니다. 물론 코딩 자체를 배울 수 있다는 것도 약간의 이득이기는 합니다. '4차 산업혁명' 시대에 말이죠.

앞으로 확률과 통계의 핵심 내용을 살펴볼 때도 알고리즘적 사고가 큰 도움이 될 것입니다. 지금까지는 준비운동이었고 이제 본격적으로 살펴보겠습니다. 자, 그럼 시작해 볼까요?

상트페테르부르크의 역설

이 역설은 확률론에서는 꽤 유명한 역설입니다. 상황은 간단합니다. 다음과 같은 도박이 있을 때, 여러분은 이 도박에 얼마나 많은 돈을 걸 의향이 있으신가요?

> 뒷면이 나올 때까지 공평한 동전을 계속해서 던진다. 앞면이 나오면 두 배로 상금이 올라가고, 뒷면이 나왔을 때 상금을 받고 끝난다. 예를 들어, 첫 번째에 뒷면이 나오면 10원을 받고 끝난다. 두 번째에 뒷면이 나오면 20원, 세 번째에 나오면 40원, …. 이런 식으로 뒷면이 나올 때까지 계속한다. 상금의 액수에는 제한이 없다.

얼핏 생각하면 첫 번째에 10원밖에 못 타고 끝날 가능성이 꽤 높으니까, 그리 큰돈을 걸고 싶지 않은 도박입니다. 조금 운이 좋다고 해도, 예를 들어 네 번 던질 동안 뒷면이 한 번도 나오지 않을 확률은 1/2을 네 번 곱해서 1/16밖에 안 됩니다. 이런 도박에 큰 돈을 걸어야 할까요? 놀랍게도 답은 '얼마를 걸어도 좋다'입니다. 왜 그럴까요? 이제부터 같이 생각해봅시다.

첫 번째에 돈을 딸 확률은 1/2이고, 그 상금은 10원입니다. 그러면 첫 회차에 딸 수 있는 상금으로 10원 곱하기 1/2, 즉 5원을 기대할 수 있습니다. 그럼 이제 두 번째 회차를 생각해볼까요? 두 번째에 돈을 딸 확률은 첫 번째에는 앞면, 두 번째에는 뒷면이 나올 확률이니까 1/2을 두 번 곱하여 1/4입니다. 그리고 상금은 10원에 2를 곱한 20원입니다. 이 둘을 곱하면 두 번째 회차에 딸 수 있는 상금에 대한 기댓값이 나오고, 그 값은 20원 × 1/4 = 5원이 됩니다. 그런데 뭔가 이상한 것을 발견하지 못하셨나요? 이 값은 첫 번째 회차에 딸 수 있는 상금에 대한 기댓값과 같습니다. 그 이유는 상금을 딸 확률이 반으로 줄었어도(동전을 한 번 더 던져야 하므로) 상금 자체가 두 배로 늘었기 때문입니다. 그래서 사실 제자리걸음을 한 것입니다. 그런데 또 생각해보면, 이것은 세 번째, 네 번째 회차 등등에 대한 기대 상금을 계산할 때도 똑같이 적용할 수 있습니다. 마찬가지로 돈을 딸 확률은 계속 반으로 줄지만 상금은 두 배로 늘어나니까요. 결국 우리는 매 회차에 대한 상금

기댓값이 5원으로 모두 같다는 것을 알 수 있습니다. 그런데 이론적으로 동전던지기는 무한히 반복될 수 있으므로, 기대 상금은 5원을 무한히 더한 것이 됩니다. 즉, 이 도박의 상금에 대한 기댓값은 무한대고, 따라서 돈을 얼마든지 걸어도 '평균적으로는' 이득이라 할 수 있습니다.

자, 이제 설명을 듣고 나서 이 도박에 큰돈을 걸 마음의 준비가 되셨나요? 만약 그렇지 않다면, 스스로 왜 그렇게 생각했는지 자문해보면 어떨까요? 재미있는 지적 유희가 될 것 같습니다.

03

확률

확률은 경우의 수 세기 ● 용어 ● 수학적 확률 ● 통계적 확률 ● 극한의 의미 ● 큰 수의 법칙 ● 큰 수의 법칙은 돈이 된다 ● 수학적 확률로 확률 문제 풀기 ● 통계적 확률로 문제 풀기: 시뮬레이션 ● R과 몬테카를로 시뮬레이션으로 확률 문제 풀기 ● 몬테카를로 방법으로 원주율 계산하기 ● 몬티홀 문제

확률은 어찌 보면 경우의 수를 약간 확장한 것에 지나지 않습니다. 생각할 수 있는 모든 경우의 수 중에서 우리가 관심을 갖는 경우의 수가 차지하는 비율을 생각하는 것이기 때문입니다. 그러므로 경우의 수 계산만 잘하면 확률 계산은 식은 죽 먹기입니다.

확률은 경우의 수 세기

이 장에서는 확률에 대해 살펴보겠습니다. 확률은 어찌 보면 경우의 수를 약간 확장한 것에 지나지 않습니다. 생각할 수 있는 모든 경우의 수 중에서 우리가 관심을 갖는 경우의 수가 차지하는 비율을 생각하는 것이기 때문입니다. 그러므로 경우의 수 계산만 잘하면 확률 계산은 식은 죽 먹기입니다. 어렵게 생각할 필요가 전혀 없습니다.

2장에서 살펴본 로또 복권 1등 당첨 확률을 다시 봅시다. 관심 있는 경우의 수, 즉 단 하나밖에 존재하지 않는 '1등 당첨'의 경우의 수가 전체 경우의 수 중에서 차지하는 비율을 계산했습니다. 그리고 그 값이 약 814만 분의 1이라는 것도 확인했습니다.

하지만 그것이 참이려면 한 가지 조건이 더 필요합니다. 로또 복권 추첨과정에서 1부터 45까지의 모든 숫자가 뽑힐 확률이 동일해야 한다는 것입니다. 이 조건이 충족되면 814만여 가지에서 여섯 가지 숫자 조합이 나올 확률이 모두 똑같고, 그렇기 때문에 그중 하나가 뽑힐 확률은 814만 분의 1이라는 결론이 정당화되는 것입니다. 이 조건은 경우의 수에서 확률로 확장되는 데 중요한 역할을 합니다. 이 사실을 염두에 두고 본격적으로 확률을 살펴보겠습니다.

용어

앞으로 다룰 내용을 이해하려면 몇 가지 용어를 알아야 합니다. 다소 딱딱하고 지루하겠지만 확실히 짚고 넘어가지 않으면 용어가 나올 때마다 다시 살펴보아야 하기 때문에 개념 정리를 명확히 해두는 것이 좋습니다. 여느 교과서에서도 다 그렇겠지만 고등학교 수학 교과서들은 용어 설명이 지나치게 딱딱한 감이 있습니다. 하지만 여기서는 좀 더 부드럽고 알기 쉽게 설명할 것입니다. 왜냐하면 직관에 더 부합하기 때문입니다.

- **시행**: 다양한 결과가 나올 수 있는 어떤 것을 실제로 하는 것. 이를테면 복권 긁기와 같은 것입니다.
- **표본공간**: 가능한 모든 결과의 모임. 동전던지기의 경우 한 번만 던지면 {앞, 뒤}, 두 번 던지면 {(앞, 앞), (앞, 뒤), (뒤, 앞), (뒤, 뒤)}가 됩니다. 로또 복권의 경우 814만여 가지의 모든 숫자 조합의 모임이 표본공간이 됩니다.
- **사건**: 가능한 결과들 중 어떤 요구 사항을 만족하는 것. 이를테면 로또 복

권 추첨 결과 '여섯 개의 숫자가 연속이다', '모두 홀수가 나온다' 등. 중요한 것은 '사건'이 단 하나의 가능한 결과를 의미하지 않을 수도 있다는 점입니다. '추점 결과 홀수만 나온다'에 속하는 결과는 '1, 3, 5, 7, 9, 11'일 수도 있고, '11, 13, 15, 21, 39, 45'일 수도 있습니다.

- 배반사건: 동시에 일어날 수 없는 두 사건. 이를테면 로또 복권에서 '모두 짝수가 나온다'와 '모두 홀수가 나온다'는 동시에 일어날 수 없는 사건입니다.
- 여사건: 어떤 사건이 일어나지 않는 것. 예를 들어 로또 복권 추첨 결과 '모든 숫자가 짝수다'의 여사건은 '모든 숫자가 짝수인 것은 아니다', 즉 '적어도 숫자 하나는 홀수다'입니다. 여기서 '모든 숫자가 짝수다'를 부정한 것이 '모든 숫자가 홀수다'가 아닌 것에 주의하세요.

엄밀히 말하면 이 용어들은 수학적으로 정의할 수 있는데, 그중 집합으로 표현할 수 있습니다. 가령 사건은 수학적으로는 **표본공간의 부분집합**으로 정의됩니다. 심지어 공집합도 표본공간의 부분집합이기 때문에 사건이라고 할 수 있습니다. 하지만 이 책에서는 그런 엄밀한 수학적 정의보다는 보다 직관적인 측면에 집중할 것입니다.

수학적 확률

고등학교 교과서에서 정의하는 **수학적 확률**의 개념은 간단합니다. 가능한 모든 경우 중 관심 있는 경우의 비율이 얼마냐 하는 것입니다. 두 개의 주사위를 동시에 던졌을 때 나올 수 있는 모든 경우의 수는 6×6, 즉 36가지가 있고 이것은 가능한 모든 결과의 개수가 됩니다. 여기서 '두 값을 곱했을 때 홀수가 나온다'라는 사건을 생각해보면 두 값을 곱해서 홀수가 나오려면 두 값 모두 애초에 홀수여야 하므로 우리가 관심 있는 경우의 수는 3×3, 즉 아홉 가지입니다. 따라서 '주사위를 던졌을 때 나온 두 눈의 곱이 홀수일 확률'은 9/36=0.25임을 확인할 수 있습니다.

흔히 일상에서 말하는 확률은 대부분 수학적 확률입니다. 그러나 앞서 말했듯이, 수학적 확률을 사용하려면 시행했을 때 표본공간의 모든 경우가 나올 가능성이 같아야 한다는 조건이 필요합니다. 동전던지기에서 동전이 공평하다면[1] 앞이나 뒤가 나올 확률은 같습니다. 주사위던지기에서도 주사위만 공평하다면 1부터 6까지의 눈이 나올 확률은 같습니다. 따라서 이런 경우에는 수학적 확률을 적용할 수 있습니다.

하지만 동전이 약간 구부러져 있어서(사기도박에서와 같이) 앞면이 나올 확률이 3분의 1, 뒷면이 나올 확률이 3분의 2라고 합시다. 이 경우 가능한 결과가 '앞면'과 '뒷면'만 있다고 해서 각각의 확률이 2분의 1이라고 하는 것은 옳지 않습니다. 앞서 이야기한 로또 복권 당첨 확률의 경우에도 동일한 가능성의 가정이 확률 계산에서 핵심입니다.

수학적 확률에 관한 재미있는 일화가 있습니다. 2020년 4·15총선에서 사전 투표 결과가 조작되었다는 의혹이 제기된 바 있습니다. 논란이 거센 가운데 한 대학 교수는, 한국에는 유력 정당이 두 개가 있으므로 사전 투표에서 이 두 정당 중 하나가 이길 확률은 2분의 1이어야 하는데, 한 정당이

....

1 여기서 공평(fair)하다는 것은 각 경우의 수의 확률이 같음을 가리킵니다. 즉, 공평한 주사위는 각 눈이 나올 확률이 1/6로 같고, 공평한 동전은 앞면이 나올 확률과 뒷면이 나올 확률이 1/2로 같습니다.

거의 석권하다시피 한 결과는 확률적으로 나올 수 없다고 주장했습니다. 하지만 이 주장은 잘못되었습니다. 그가 말한 확률은 수학적 확률입니다. 군소 정당들을 무시한다면 표본공간에는 두 정당만 있으므로 각각이 승리할 확률은 2분의 1로 같아야 합니다. 그러나 이 주장은 애초에 두 정당이 승리할 가능성이 같다는 전제가 있어야 성립할 수 있습니다. 따라서 이 전제가 참이라고 할 이유가 전혀 없으므로 틀린 논증입니다.

이와 같이 수학적 확률을 적용하기 위해 필요한 전제—모든 경우가 똑같이 그럴듯하다—를 무시하고 틀린 주장을 하는 경우를 종종 볼 수 있습니다. 수학적 확률을 배운 여러분은 이제 그런 오류를 저지르지 않으리라고 생각합니다.

통계적 확률

확률과 통계 교과서에서는 수학적 확률뿐 아니라 **통계적 확률**도 다룹니다. 통계적 확률은 수학적 확률에 비해 더 구체적입니다. 교과서 정의에 따르면 통계적 확률은 **전체 시행 횟수 중 특정 사건이 일어난 횟수의 비율**입니다. 의미를 좀 더 명확히 하기 위해 수학적 표기법을 사용해봅시다. 전체 시행 횟수를 n이라고 했을 때 특정사건이 일어난 횟수를 r이라고 하면 그 사건이 일어난 비율은 n분의 r, 즉 r/n입니다.

일반적으로 통계적 확률은 수학적 확률과 정확히 일치하지 않습니다. 공평한 동전을 던질 경우 처음 몇 번의 시행 후 계산한 통계적 확률, 즉 전체 던진 횟수 중 앞면이 나온 비율은 정확히 2분의 1이 아닌 경우가 대부분입니다. 공평한 동전을 여덟 번 던지면 앞면이 나올 횟수는 네 번일 수도 있지만 세 번이나 다섯 번, 드물게는 단 한 번도 나오지 않을 수도 있습니다. 심지어 총 시행 횟수가 일곱 번이면 애초에 앞면이 나온 비율은 정확히 2분의 1이 될 수 없습니다. 분모가 홀수니까요.

하지만 횟수를 무한정 늘리면 통계적 확률은 결국 수학적 확률에 근접합니다. 공평한 동전을 계속 던질 경우 앞면이 나올 횟수의 비율(통계적 확률)은 2분의 1에 점점 가까워집니다. 동전던지기를 100만 번 했을 때 앞면이 나온 횟수가 50만 하고도 100번이라고 해봅시다. 이 값은 여전히 2분의 1은 아니지만 비율을 계산해보면 2분의 1에 '매우 가까운' 값입니다. 백분율로 환산하면 50.01%이니까요. 여기서 시행 횟수를 1000만 번, 1억 번 등으로 더 늘리면 이 값은 50%에 더더욱 근접할 것입니다. 물론 정확히 50%는 아니겠지만 그 차이는 무시할 수 있을 정도로 작아질 것입니다.

극한의 의미

여기서 잠깐 극한에 대해 알아보겠습니다. 통계적 확률이 수학적 확률에 한없이 가까워진다는 이야기는 시행 횟수가 무한정 늘어나는 일종의 극한을 가정하기 때문입니다. 여기서 말하는 '극한'에는 두 가지 의미가 서로 관련되어 있습니다.

첫째, 시행 횟수를 무한히 늘렸을 때입니다. 앞서 언급했듯이 시행 횟수가 적을 때는 통계적 확률이 수학적 확률에 충분히 가깝지 않지만 횟수가 늘어나면서 통계적 확률은 수학적 확률에 점점 접근합니다. 반대로 말하면 시행 횟수가 적을 때는 우연에 의해 수학적 확률에서 벗어나는 경우가 종종 있습니다. 통계학에서는 이것을 **표집오차**sampling error라고 부릅니다. 그런데 표집오차는 시행 횟수가 늘어날수록 점점 줄어드는 성질이 있고, 결국 0에 매우 가까워집니다.

둘째, **한없이 가까워진다**입니다. 여기서 가까워진다는 말에는 두 가지 의미가 내포되어 있습니다. 먼저 수학적 확률과 통계적 확률 간의 차이가 0에 가까워진다는 것이고, 그럼에도 불구하고 차이가 정확히 0이 되는 일은 사실상 일어나지 않는다는 것입니다. 따라서 통계적 확률과 수학적 확률 간의 차이는 0.1, 0.01, 0.001, …로 점점 줄어들지만 정확히 0이 되지는 않습니다.

수학에서 말하는 극한의 일반적인 의미도 이와 같습니다. 고등학교에서는 자세히 다루지 않지만 대학 수준 이상의 수학에서는 엄밀히 정의할 때 이런 방식을 사용합니다. 어떤 숫자(보통 n으로 표기)를 충분히 크게 만들면 어떤 두 값 사이의 차이를 임의로 작게 만들 수 있습니다. 가령 $1/n$과 0 사이의 차이는 n을 적절히 선택하여 어떤 양수보다도 작게 만들 수 있습니다. 예를 들어 차이를 100만 분의 1보다 작게 하려면 n을 100만보다 큰 아무 양수나 선택하면 됩니다. 1억, 1조도 마찬가지입니다. 하지만 $1/n$과 0 사이의 차이는 정확히 0이 되지는 않는 사실을 확인할 수 있습니다.

이 내용을 이해했다면 이 장의 가장 핵심 주제인 **큰 수의 법칙**을 배울 준비가 된 것입니다. 큰 수의 법칙은 통계학에서 가장 핵심인 것 중 하나이기도 하지만, 실생활에서도 중요한 함의를 갖고 있습니다. 도박장 운영자, 보험회사 등이 돈을 버는 원리가 바로 큰 수의 법칙입니다.

큰 수의 법칙

조금 거창하게 이야기했지만, **큰 수의 법칙**Law of large numbers은 사실 별것 아닙니다. 실제 자료의 값으로 계산한 평균, 즉 **표본평균**이 자료의 크기가 커짐에 따라 한없이 특정값에 가까워진다는 것입니다. 여기서 그 **특정값**을 확률 용어로는 **기댓값**expected value이라고 합니다.

앞서 이야기한 통계적 확률은 큰 수의 법칙의 특수한 경우에 지나지 않습니다. 왜냐하면 비율 자체가 일종의 표본평균이기 때문입니다. 이유는 다음과 같습니다.

주사위던지기를 했을 때 짝수면 '1', 홀수면 '0'으로 기록한 후 이 숫자들을 모두 더하면 그 결과는 '짝수가 나온 횟수'에 지나지 않습니다. 이를 총 시행 횟수로 나누면 통계적 확률이 됩니다. 그런데 사실 이것은 0, 1로 기록된 자료의 평균이기도 합니다. 애초에 평균이란 자료의 총합을 자료의 개수로 나누어준 것이었죠? 그래서 큰 수의 법칙이 적용됩니다. 즉 시행 횟수가 많아짐에 따라 성공 비율, 또는 통계적 확률은 그 기댓값에 가까워집니다. 여기서 0과 1로 기록한 값에 대한 기댓값이 바로 수학적 확률입니다. 즉, $(0 \times 1/2) + (1 \times 1/2) = 0.5$가 됩니다.

- 5회 던졌을 때의 예

  값: 1 0 0 0 1

  총합: 2

  평균: 2 / 5 = 0.4

  5회 시행시 통계적 확률: 0.4

- 20회 던졌을 때의 예

  값: 1 1 1 0 0 1 0 1 0 0 1 0 1 1 1 1 0 0 0 1

  총합: 11

  평균: 11 / 20 = 0.55

  20회 시행시 통계적 확률: 0.55

큰 수의 법칙은 R로 쉽게 시뮬레이션할 수 있습니다. 뒤에 나올 코드는 동전던지기를 시뮬레이션하는 코드입니다. 동전던지기는 가능한 경우가 앞면과 뒷면 두 가지밖에 없고 이 둘은 서로가 서로의 여사건입니다. 따라서 이들의 확률은 앞면이 나올 확률만 정하면 됩니다. 뒷면이 나올 확률은 1에서 앞면이 나올 확률을 빼면 알 수 있기 때문입니다. 이 확률을 p라고 부르겠습니다. 이렇게 가능한 결과가 두 개밖에 없고 **성공**의 확률이 정해져 있는 확률 시행을 **베르누이 시행**Bernoulli trial[2]이라고 합니다.

R에서 베르누이 시행을 하는 명령어는 `rbinom( )`입니다. `rbinom`은 'r'과 'binom'이 합쳐진 것입니다. 'r'은 'random'의 약자인데, R에서는 확률적 난수를 생성한다는 의미로 사용됩니다. 그리고 'binom'은 우리말로 **이항**이라고 번역되는 단어 'binomial'이라는 단어의 축약형입니다. 베르누이 시행은 이항binomial 시행의 일종인데, 차이가 있다면 베르누이 시행에서는 한 번만, 이항 시행에서는 여러 번 할 수 있다는 것입니다.

`rbinom( )` 함수의 형식은 다음과 같습니다. `rbinom(난수 개수, 시행 횟수, 성공 확률)`. 난수 개수는 생성할 난수의 개수를 의미하며, 그것은 앞서

....

2 스위스의 저명한 수학자 야코프 베르누이(Jakob Bernoulli)의 이름에서 따온 것입니다.

설명한 벡터에 저장됩니다. 시행 횟수는 각각의 난수를 생성할 때 몇 번의 시행을 할 것인가인데, 베르누이 시행은 한 번만 시행하므로 1로 설정합니다. 마지막으로 성공 확률은 0에서 1 사이의 숫자를 주면 되는데, 여기서는 공평한 동전 던지기를 시뮬레이션하므로 0.5로 하겠습니다. 동전던지기를 다섯 번 시행하기 위한 시뮬레이션은 다음과 같습니다.

```
x = rbinom(5, 1, 0.5)
```

이 명령어는 '동전던지기'를 다섯 번 한 다음 그 결과를 x라는 변수에 저장해줍니다. 그러나 시뮬레이션을 할 때마다 결과가 달라지므로 여러분이 보는 결과는 아래와 정확히 일치하지 않을 수도 있습니다.

```
> x = rbinom(5, 1, 0.5)
> x
[1] 0 0 1 0 1
```

R에서 베르누이 시행을 할 때 0은 '실패', 1은 '성공'을 의미합니다. 여기서는 뒷면이 '실패', 앞면이 '성공'에 해당합니다. 결과를 보면 두 차례 앞면이 나왔고, 세 차례 뒷면이 나왔습니다. 이 자료의 통계적 확률을 계산하면 2/5=0.4입니다. 그런데 앞서 말한 대로 통계적 확률은 일종의 평균이기 때문에 다음과 같이 계산해도 됩니다. 결과가 일치하는 것을 확인할 수 있습니다.

```
> mean(x)
[1] 0.4
```

0.4라는 숫자는 수학적 확률인 0.5와 가깝다면 가깝고 멀다면 먼 값입니다. 둘 사이에는 0.1의 차이가 있습니다. 그런데 큰 수의 법칙에 의하면 통계적 확률은 시행 횟수를 늘릴수록 0.5에 근접해야 합니다. 이제 시행 횟수를 5에서 100으로 바꾸고 다시 결과를 확인해보겠습니다.

```
> x = rbinom(100, 1, 0.5)
> mean(x)
[1] 0.54
```

이번에 나온 통계적 확률은 0.54로 이 값은 여전히 0.5와는 다르지만 0.4보다는 0.5에 더 근사합니다. 이번에는 시행 횟수를 1만 번으로 늘려봅시다.

```
> x = rbinom(10000, 1, 0.5)
> mean(x)
[1] 0.5028
```

0.5에 꽤 가까워진 값이 나왔지만 여전히 일치하는 값은 아닙니다. 앞에서 설명했던 것처럼 통계적 확률은 시행 횟수를 늘릴수록 0.5에 한없이 가까워지지만 정확히 0.5가 되는 일은 사실상 일어나지 않습니다. 이것이 통계적 확률에서 말하는 극한의 의미입니다.

한편, 이 시뮬레이션을 사람이 일일이 해서 결과를 얻는다면 얼마나 번거로울까요? x를 호출하면 1만 번의 시행 결과가 모두 표시되는데, 이것의 평균을 구하려면 1의 개수를 일일이 세어야 합니다. 이렇게 사람이 직접 하기 번거로운 시행을 컴퓨터를 통해 실제로 해볼 수 있다는 것이 프로그래밍을 통해 통계를 익히는 장점입니다.

큰 수의 법칙은 돈이 된다

큰 수의 법칙을 이용하여 실제로 돈을 버는 사람들이 있습니다. 바로 도박장과 보험회사입니다. 먼저 도박장이 돈을 버는 원리에 대해 살펴보겠습니다. 물론 도박 중에는 승률이 매우 낮은 것도 있지만 대개는 손님이 원금을 어느 정도 가져갈 수 있게 설계되어 있습니다. 승률이 45% 정도 되게 만들어놓는 것이지요. 개인 측면에서 보면 질 수도 있지만 이길 수도 있고, 승률도 그리 낮은 편이 아닙니다. 다만 결과에 대한 불확실성이 매우 높습니다. 하지만 도박장 측면에서 보면 승률을 아주 조금만 유리하게 설정해놓아도 참가자 수가 많아지면 이기는 경우가 더 많습니다. 바로 큰 수의 법칙 때문입니다. 따라서 참가자 수만 충분히 확보된다면 도박장은 고객들에게 많이 불리하지 않은 도박을 해도 돈을 벌게 되어 있습니다. 물론 개중에는 간간이 '잭팟'을 터뜨리는 사람들이 있겠지만 그로 인해 도박장이 입는 손실은 다른 고객들에게 얻은 이익으로 상쇄할 수 있습니다. 이에 대해 손님이 지불하는 비용은 약간의 불리함입니다.

사실 고객들은 도박장에 돈을 따러 온다기보다는(대부분은 이렇게 생각하지 않을 것입니다) 재미를 추구하러 오는 것이기 때문에 약간의 불리한 승률은 즐거운 시간을 보내기 위한 일종의 비용인 셈입니다. 거래가 성립하는 것이죠. 도박장은 큰 수의 법칙에 의해 보장되는 확실한 이윤을, 손님은 즐거움을 얻습니다. 물론 건전하게 이용한다는 전제하에서의 이야기겠지요.

보험회사가 돈을 버는 것도 이와 크게 다르지 않습니다. 개인이 짊어지기에는 너무 큰 위험을 보험 가입자들이 나누어 부담할 수 있게 해주고 그 대신 이윤을 가져가는 것이라고 볼 수 있습니다. 보험회사가 망하지 않는 이유도 큰 수의 법칙으로 설명할 수 있습니다. 개별 가입자에게는 사고가 날 수도 있고 아닐 수도 있지만, 전반적으로 그 확률은 특정 확률에 근접하고 보험회사는 이를 사전에 고려한 보험료를 책정하여 이윤을 낼 수 있는 것입니다. 물론 이것은 확률적인 결과이기 때문에 때로 예상하지 못한 큰 재앙이 닥쳐 보험사가 엄청난 배상금 때문에 망하는 일도 있습니다.

1992년 미국에 불어닥친 허리케인 '앤드루' 때문에 큰 손실을 입은 가입자들이 엄청난 규모의 보상금을 청구하여 이를 지불할 능력이 없던 몇몇 영세 보험사들은 결국 파산하고 말았습니다.[3] 보험사 입장에서 보면 재난의 가능성을 잘 예측하고 그에 맞추어 보험금을 산정하는 것이 중요한 업무겠죠? 그래서 보험사에서는 확률, 통계 지식을 많이 갖춘 사람을 경쟁적으로

....

3 관련기사는 https://www.kbanker.co.kr/news/articleView.html?idxno=83787 참조.

채용합니다. 이처럼 큰 수의 법칙은 자연과 사회에서 일반적으로 발견되는 매우 강력한 법칙이고 이를 잘 이용하면 돈을 벌 수 있습니다.

수학적 확률로 확률 문제 풀기

확률의 개념을 확실히 익혔다면 연습 삼아 문제를 풀어봅시다. 첫 번째 문제는 매우 일반적인 고등학교 수학 문제입니다. 1부터 5까지의 숫자 카드를 잘 섞어 세 장을 뽑아 세 자리 숫자를 만들 때 그 결과가 310보다 클 확률은 얼마일까요? 참고로 여기서는 잘 섞는다는 전제가 있기 때문에 각각의 숫자 카드가 뽑힐 확률이 같다고 가정할 수 있고, 따라서 수학적 확률을 사용할 수 있습니다. 즉, 모든 숫자 조합이 뽑힐 가능성은 동일합니다.

수학적 확률로 이 문제를 풀려면 모든 경우의 수를 계산해야 합니다. 그런데 세 자리 숫자를 만들 때 숫자를 나열하는 순서에 따라 만들어진 숫자가 달라지기 때문에 여기서는 경우의 수를 계산할 때 조합이 아닌 순열을 사용해야 합니다. 다섯 개 중 세 개를 골라 순서대로 나열하는 경우의 수를 계산하면 우리가 원하는 숫자는 ${}_5P_3$, 즉 $5 \times 4 \times 3 = 60$임을 알 수 있습니다. 그중에서 우리가 원하는 경우의 수, 즉 320보다 큰 경우의 수를 구한 다음 이것을 60으로 나누면 우리가 원하는 수학적 확률을 얻습니다.

그런데 만든 수가 320보다 크려면 백의 자리 숫자가 3보다 크거나 같아야 합니다. 그중에서도 백의 자리가 4 또는 5면 다른 자리 숫자에 상관없이 320보다 큽니다. 이 경우 백의 자리를 고정하고 나머지 네 개의 숫자 중 두 개를 뽑아 십의 자리와 일의 자리를 결정하면 되므로 경우의 수는 백의 자리가 4와 5인 경우 각각 ${}_4P_2 = 4 \times 3 = 12$가지로 총 24개가 있음을 알 수 있습니다.

이제 골치 아픈 3이 백의 자리에 오는 경우를 생각해봅시다. 이때는 십의 자리가 1만 아니면 되므로(그 이유를 한번 생각해보세요) 12개 중 십의 자리가 1인 경우만 제외하면 됩니다. 그런데 백의 자리가 3, 십의 자리가 1로 고정되어 있으면 일의 자리에 올 수 있는 숫자는 세 가지이므로 이 세 가지를 열두 가지 경우에서 제외하면 아홉 가지가 됩니다. 결국 우리가 원하는 모든 경우의 수는 12 + 12 + 9 = 33가지입니다.

- 백의 자리가 4인 경우

  남은 1, 2, 3, 5 중 숫자 2개 뽑기: ${}_4P_2 = 12$

- 백의 자리가 5인 경우

  남은 1, 2, 3, 4 중 숫자 2개 뽑기: ${}_4P_2 = 12$

- 백의 자리가 3인 경우

  남은 1, 2, 4, 5 중 숫자 2개 뽑기: ${}_4P_2 = 12$

  이 중 320보다 작은 경우: 312, 314, 315

- 320보다 큰 경우의 수

  12 + 12 + (12 − 3) = 33

위와 같이 해서 얻은 경우의 수 33을 60으로 나누어 나오는 확률, 즉 33/60 = 0.55가 우리가 원하는 수학적 확률입니다.

통계적 확률로 문제 풀기: 시뮬레이션

앞의 문제를 순열과 조합에 대한 수학적 지식 없이도 풀 수 있는 방법이 있습니다. 바로 앞에서 언급한 **시행 횟수가 늘어남에 따라 통계적 확률은 수학적 확률에 한없이 가까워진다**라는 사실을 활용하는 것입니다. 이 방법으로 문제를 풀면 모든 경우의 수를 다 검토해야 하는 수고를 덜 수 있습니다. 특히 경우의 수를 세기가 매우 복잡한 문제에서 더욱 유용합니다.

그러면 여기서 '시행'은 어떻게 할까요? 바로 R 프로그래밍을 활용하여 시뮬레이션을 하는 것입니다. 1부터 5까지의 숫자 중 세 개를 뽑아 숫자를 만들어 그것이 320보다 큰지 확인하는 시뮬레이션을 충분히 한 다음, 그중 실제로 320보다 컸던 비율을 계산하면 그것이 통계적 확률이 됩니다. 이때 시행을 충분히 많이 하면 통계적 확률은 참값인 0.55에 가까워질 것입니다. 통계학에서는 이렇게 시뮬레이션을 통해 수학 공식을 적용하지 않고도 확률을 계산하는 방법을 **몬테카를로 시뮬레이션**Monte Carlo simulation 또는 **몬테카를로 방법**Monte Carlo method이라고 합니다.

프로그래밍 지식이 조금만 있으면 각종 확률을 몬테카를로 방법으로 쉽게 구할 수 있습니다. 사실 앞에서 보았던 로또 복권 당첨 확률도 무한한 시행 횟수만 보장되면 몬테카를로 방법으로 구할 수 있습니다. 물론 프로그래밍을 하지 않고 일일이 섞어서 추출하는 방법으로 몬테카를로 시뮬레이션을 할 수도 있습니다만 시간과 노력이 굉장히 많이 들 것입니다.

앞의 문제를 몬테카를로 시뮬레이션으로 풀려면 일단 다섯 장의 카드 중 세 장을 뽑아 나열하는 코드를 작성해야 합니다. 이것이 이 문제에서의 시행입니다. 그런데 R은 확률 및 통계를 위해 개발된 언어이므로 카드를 뽑기 위한 코드는 따로 만들지 않아도 됩니다. R은 sample( )이라는 명령어를 지원하는데, 이 명령어를 사용하여 sample(추첨할 대상, 추첨할 개수, 복원추출 여부) 형식으로 작성하면 됩니다. **복원추출**은 뽑기를 할 때 한 번 뽑았던 것을 원래대로 돌려놓고 다음 추첨을 하는 방법을 말합니다. 뽑았던 것을 다시 돌려놓는 복원추출은 뽑을 때마다 같은 대상에서 추출하고, 그렇지 않은 **비복원추출**은 뽑을 때마다 하나씩 줄어듭니다. 우리가 하려는 시행은 각 자리 숫자를 뽑을 때마다 다시 원래대로 돌려놓지 않기 때문에 비복원추출을 해야 합니다.

우리가 하려는 시뮬레이션 명령어는 sample(1:5, 3, replace=F)입니다. 1:5는 1부터 5까지의 숫자라는 의미고, 3은 그중 세 개를 뽑겠다는 것이며, replace=F는 한 번 뽑은 수는 되돌리지 않는다는 뜻입니다. 이렇게 뽑은 숫자를 순서대로 나열하여 320보다 큰지 확인하기만 하면 됩니다. 쉽죠? 시뮬레이션을 하기 위한 전체 코드는 다음과 같습니다.

```
n_simulation = 1000
n_success = 0
for(i in 1:n_simulation) {
```

```
  x = sample(1:5, 3, replace=F)
  if(x[1] >= 4) n_success = n_success + 1
  if((x[1] == 3) & (x[2] >= 2)) n_success = n_success + 1
}
```

n_simulation은 카드 뽑기를 하는 횟수, n_success는 그중 320보다 큰 숫자가 나온 횟수를 말합니다. n_success는 0에서 시작하여 320보다 큰 숫자가 뽑힐 때마다 1씩 증가합니다. n_success = n_success + 1이 가리키는 의미입니다. 그리고 이것은 첫 번째 뽑힌 숫자인 x[1], 즉 백의 자리 숫자가 4보다 크거나 백의 자리 숫자가 3이고 십의 자리 숫자가 2보다 클 때 이루어집니다. 이것을 n_simulation번 반복합니다. 반복 횟수는 자유롭게 바꿀 수 있는데, 많으면 많을수록 통계적 확률이 수학적 확률에 가까워질 것입니다. 컴퓨터가 아주 오래된 것이 아니라면 시뮬레이션에는 그리 많은 시간이 걸리지 않을 것입니다. 시뮬레이션이 끝나면 다음의 두 줄을 실행하여 총 '성공' 횟수와 그 비율을 확인할 수 있습니다. 첫 번째 줄은 성공 횟수, 두 번째 줄은 비율을 알려줍니다.

```
n_success
n_success / n_simulation
```

제가 실행한 결과는 다음과 같습니다. 몬테카를로 시뮬레이션은 확률적이기 때문에 시뮬레이션을 할 때마다 숫자는 조금씩 달라집니다.

```
> n_success
[1] 537
> n_success / n_simulation
[1] 0.537
```

0.55라는 참값과 완전히 같지는 않지만 꽤 근삿값이 나온 것을 확인할 수 있습니다.

통계적 확률은 시행 횟수를 늘리면 수학적 확률에 점점 가까워진다고 했습니다. 이제 시행 횟수를 100만 회로 늘려서(즉 n_simulation = 1000000으로 설정) 다시 실행해보겠습니다. 그러면 다음과 같은 결과가 나옵니다. 숫자는 실행할 때마다 달라지지만 다음 숫자에서 크게 벗어나지는 않습니다.

```
> n_success
[1] 549748
> n_success / n_simulation
[1] 0.549748
```

이제 0.55와 거의 일치하는 것을 볼 수 있습니다. 시행 횟수를 더 늘리면 이 값은 0.55에 더욱 가까워질 것입니다. 시행 횟수를 늘리면 늘릴수록 컴퓨터가 표시할 수 있는 한도 내에서는 0.55와 구별할 수 없을 정도로 가까워지므로 그냥 0.55로 표시될 것입니다.

지금까지 몬테카를로 시뮬레이션을 활용하여 확률을 계산하는 방법을 살펴보았습니다. 다시 강조하지만 이 방법의 장점은 수학적 지식이 전혀 없어도 확률 계산을 할 수 있다는 것입니다. 프로그래밍을 하는 데 약간의 수고와 시간이 필요하지만, 컴퓨터는 이 계산을 충분히 빨리할 수 있습니다. 실제로 통계학자들도 수학적 해법이 알려지지 않은 문제에 대해 몬테카를로 시뮬레이션을 즐겨 활용합니다.

몬테카를로 방법으로 원주율 계산하기

몬테카를로 시뮬레이션을 활용하면 원주율도 구할 수 있습니다. 원주율 π가 약 3.14라는 사실은 이미 알고 있지만, 시뮬레이션을 통해 원주율을 구할 수 있음을 확인하는 것이 목적입니다. 놀랍게도 이 방법은 꽤 정확합니다.

원주율을 구하는 방법은 다음과 같습니다. X축과 Y축으로 구성된 2차원 좌표평면의 가로축과 세로축에서 0과 1 사이를 잘라 내면 그 부분은 가로세로의 길이가 1인 정사각형이 됩니다. 그 정사각형에 원점을 중심으로 반지름이 1인 원을 그립니다. 그때 그 원은 온전한 원이 아니라 X축과 Y축의 양의 부분으로 잘린 '사분원', 즉 원의 4분의 1만 그려진 원주가 될 것입니다.

이제 가로세로 길이가 1인 정사각형에 매우 작은 입자, 이를테면 무수한 쌀알을 흩뿌립니다. 쌀알은 사분원 안쪽에 떨어지는 것도 있을 테고 그 밖에 떨어지는 것도 있을 것입니다. 쌀알을 무작위로 뿌린다는 가정하에 원

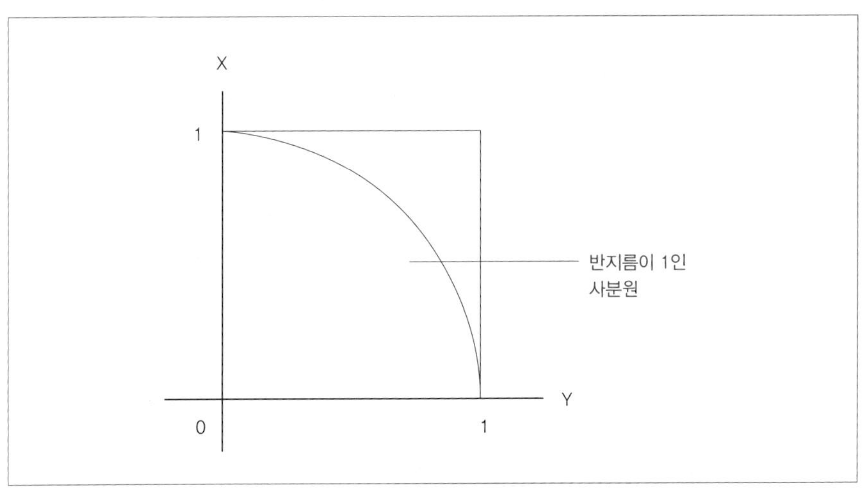

안쪽에 떨어진 쌀알의 비율은 전체 정사각형 넓이에서 사분원이 차지하는 넓이의 비율이라고 추측할 수 있습니다. 이 비율은 사분원의 넓이를 정사각형의 넓이로 나눈 것과 비슷한데, 정사각형의 넓이가 1이므로 결국 쌀알의 비율은 사분원의 넓이 그 자체와 비슷해집니다.

쌀알을 조금만 뿌리면 오차가 크겠지만 촘촘하게 많이 뿌리면 사분원 안에 떨어진 쌀알의 비율은 **통계적 확률이 수학적 확률에 가까워진다**는 사실에 의해 사분원 넓이에 한없이 가까워집니다. 사분원의 넓이는 전체 원 넓이인 πr^2을 4로 나눈 것인데, 애초에 반지름(r)이 1이었으므로 사분원의 넓이는 $\pi/4$입니다. 즉, 쌀알을 충분히 많이 뿌리면 사분원 안쪽에 떨어진 것들의 비율은 $\pi/4$에 한없이 가까워집니다. 여기에 4를 다시 곱하면 우리가 원하는 원주율을 구할 수 있습니다.

쌀알을 뿌리는 행위는 정사각형의 모든 좌표에 대해 뽑힐 확률을 똑같이 준 다음 X축과 Y축상의 좌표를 추출하는 것으로 대신할 수 있습니다. R에서 이를 담당하는 명령어는 `runif(1)`입니다. 이 명령어는 0과 1 사이에서 무작위로 숫자 하나를 선택합니다. 이런 식으로 X좌표와 Y좌표를 하나씩 뽑으면 '쌀알을 뿌리는' 것과 같습니다. 이 쌀알이 원 안에 들어가는지 결정하는 방법은 원의 정의를 생각하면 알 수 있습니다. 원은 어떤 점에서 똑같은 거리, 즉 반지름상에 있는 점들을 모아놓은 도형이므로 어떤 점이 원 안에 있으려면 점과 원의 중심 사이의 거리가 반지름보다 작으면 됩니다. 하지만 지금 우리가 생각하는 원은 원점, 즉 (0, 0)을 중심으로 하는 원이므로 원점과 우리가 뽑은 점 사이의 거리를 계산하면 됩니다. 그런데 중·고등학교에서 배운 공식에 의하면 두 점 사이의 거리 d는 다음과 같습니다.

$$d = \sqrt{(x_1 - x_2)^2 + (y_1 - y_2)^2}$$

앞의 식에서 x_1과 y_1은 첫 번째 점의 X좌표와 Y좌표, x_2와 y_2는 두 번째 점의 X좌표와 Y좌표를 의미합니다. X좌표, Y좌표로 각각 0.3, 0.4라는 숫자를 뽑았다고 합시다. 그러면 이 점과 원점, 즉 (0, 0) 사이의 거리는 다음과 같습니다.

$$d = \sqrt{(0.3 - 0)^2 + (0.4 - 0)^2} = \sqrt{0.09 + 0.16} = \sqrt{0.25} = 0.5$$

(0.3, 0.4)와 원점 사이의 거리는 0.5이고 이것은 반지름인 1보다 작습니다. 따라서 이 점은 원 안쪽에 있습니다. 반대로 어떤 점에 대해 d를 계산했을 때 1보다 크면 이 점은 원 밖에 있다고 할 수 있습니다. 이 공식을 사용하여 원 안에 떨어지는 점들의 비율, 사분원의 넓이에 대한 근삿값, 원주율을 계산할 수 있습니다. '쌀알'을 많이 던질수록, 즉 시뮬레이션 횟수를 늘릴수

록 큰 수의 법칙에 의해 근삿값은 π의 실젯값에 한없이 가까워질 것입니다.

다음은 지금까지 이야기한 시뮬레이션을 R 코드로 실제 작성한 것입니다. 여기서 중요한 것은 for문입니다. 그 안에서 하는 일은 X좌표와 Y좌표를 선택하여 저장하고, 그렇게 작성된 좌표가 원 안에 있는지 판단한다는 것입니다. 이것이 참인 횟수는 res라는 변수에 저장됩니다.

```
n_sim = 1000
x = vector(length=n_sim)
y = vector(length=n_sim)
res = 0
for(i in 1:n_sim) {
  x[i] = runif(1)
  y[i] = runif(1)
  if (x[i]^2 + y[i]^2 < 1) res = res + 1
}

print(4 * res / n_sim)
```

▶ vector(length=n_sim)은 길이가 n_sim인 벡터, 즉 1,000개의 숫자가 저장될 수 있는 벡터를 생성합니다.

res / n_sim이 사분원 안에 떨어진 '쌀알'의 비율이고 여기에 4를 곱하면 원하는 원주율 추정값을 얻을 수 있습니다. 마지막 줄을 실행한 결과는 3.164로 참값인 3.14에서 조금 차이는 있지만 비슷한 값입니다. 정확도를 높이기 위해 시뮬레이션 횟수를 10만 번으로 늘렸더니 3.14308이 나왔습니다. 소수점 아래 둘째 자리까지는 정확한 값을 얻었습니다. 지금부터는 뽑힌 값들이 좌표평면상에서 어디에 위치하는지 확인해보겠습니다. 시뮬레이션 횟수인 n_sim을 다시 1000으로 고정하고 앞의 시뮬레이션을 시행한 뒤 다음 명령을 추가로 실행합니다.

```
circle = function(x) sqrt(1-x^2)
plot(x, y, xlab='X', ylab='Y')
curve(circle, from=0, to=1, add=T, col='blue', lwd=2)
```

명령어의 자세한 의미는 생략하고 이미 추출한 값들과 원을 그리는 과정이라고만 설명하겠습니다. 실행하면 다음과 같은 그래프가 출력됩니다.

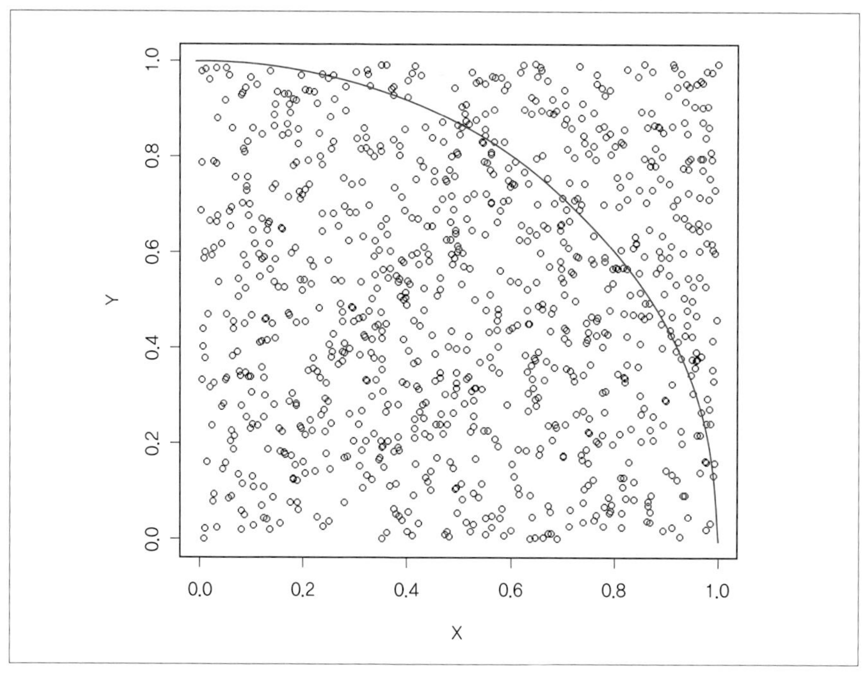

점들이 평면상에서 대체로 고르게 분포해 있는 것을 확인할 수 있습니다. 그중 파란 선으로 표시된, 원점을 중심으로 반지름이 1인 원 안에 있는 점들의 비율이 바로 사분원의 넓이에 대한 근삿값입니다. 여기에 4를 곱한 값이 원주율에 대한 근삿값입니다. 몬테카를로 방법을 이용하면 시뮬레이션을 통해 이렇게 알지 못하는 값을 구할 수 있는 경우가 종종 있습니다. 수학적 지식이 전혀 없어도 말이죠.

몬티홀 문제

마지막으로 소개할 예제는 확률 문제 역사상 가장 악명 높다 해도 과언이 아닌 몬티홀 문제입니다. 이 문제에는 다음과 같은 게임이 나오는데, 규칙은 간단합니다. 세 개의 문이 있습니다. 그중 한 문 뒤에는 자동차가, 나머지 두 문 뒤에는 염소가 있습니다. 게임 참가자는 세 개의 문 중 하나를 선택하면 됩니다. 문 뒤에 자동차가 있으면 상으로 받고 염소가 있으면 꽝입니다. 간단하죠?

하지만 지금부터가 중요합니다. 참가자가 문을 하나 선택했을 때 진행자는 그것을 바로 확인하는 것이 아니라 참가자가 고르지 않은 문 중 염소가 있는 문을 열어서 보여줍니다. 그러고는 참가자에게 선택한 문을 바꿀 기회를 줍니다. 이때 선택한 문을 바꾸는 것과 그렇지 않는 것 중 어느 쪽이 차를 선택할 확률이 높을까요?

얼핏 생각하면 참가자는 진행자가 염소가 있는 문을 열어주기 전에 이미 선택을 했고 그 순간 자동차를 얻을 확률은 이미 3분의 1로 정해졌습니다. 그렇기에 진행자가 문을 열어주든 말든, 문을 바꾸든 말든 확률은 3분의 1로 같을 것이라고 생각하기 쉽습니다. 실제로 많은 사람이 그렇게 생각했습니다.

하지만 정답은 **바꾸는 것이 낫다**입니다. 놀랍죠? 진행자가 염력으로 차를 옮기기라도 한 것일까요? 진행자가 염소를 보여준 뒤 문을 바꾸지 않으면 차를 얻을 확률은 3분의 1이지만 바꾸면 3분의 2가 됩니다.

이 결과를 납득하지 못한 수학자가 문제를 출제한 사람에게 항의 서한을 보낸 일도 있었다고 합니다. 참고로 몬티홀 문제의 출제자는 IQ가 200이 넘는, 엄청나게 머리가 좋은 여성이었다고 합니다.

물론 이 문제를 수학적으로 푸는 방법도 있지만 이 풀이를 보아도 납득하지 못하는 사람들이 굉장히 많습니다. 그래서 몬테카를로 방법으로 확률이 높아진다는 것을 확인해보겠습니다. 다음은 몬티홀 문제에서 선택한 문을 바꾸지 않았을 때 성공 확률이 얼마인지 시뮬레이션하는 R 코드입니다.

```
n_sim = 1000
doors = 1:3
success = 0

for (i in 1:n_sim) {
  # 세 개의 문 중 차의 위치를 고른다
  car = sample(doors, 1)

  # 차가 없는 곳에 염소들을 배치한다
  if(car == 1) goat = c(2,3)
  else if (car == 2) goat = c(1,3)
```

```
    else goat = c(1,2)

    # 참가자가 문을 고른다
    pick = sample(doors, 1)

    # 참가자가 고르지 않은 문 중 염소가 있는 문을 찾는다
    goat_not_picked = goat[goat != pick]

    # 참가자가 고르지 않은 문 중 염소가 있는 문 하나를 열어준다
    if (length(goat_not_picked) > 1) open = sample(goat_not_
  picked, 1)
    else open = goat_not_picked

    # 바꾸지 않고 처음 고른 문이 차가 있는 문이면 '성공'으로 기록
  한다
    if (pick == car) success = success + 1
  }

  # 총 시행 중 '성공'의 비율
  success / n_sim
```

▶ #으로 시작하는 줄은 일종의 해설로 실제 프로그램 실행 결과에는 전혀 영향을 주지 않습니다. 이를 프로그래밍에서는 주석comment이라고 부릅니다.

코드의 구체적 내용에 대해 자세히 설명하지는 않겠습니다. 이 코드는 일단 세 개의 문 중 하나를 골라 차를 배치하고 나머지 문에는 염소를 배치한 뒤 '참가자'가 하나의 문을 선택하면 진행자가 그 문이 아닌 것 중 염소가 있는 문을 열어 보여주고 참가자는 선택을 바꾸지 않은 채로 차가 있는지 확인하게 하는 것입니다. 이것을 n_sim회만큼 반복한 뒤 총 성공 횟수를 success라는 변수에 저장합니다(사실은 '성공'할 때마다 success에 1을 더하는 것입니다). 그러고 나서 마지막 줄에서 성공률을 계산합니다. 이 코드를 실행하면 약간의 차이는 있을 수 있지만 0.33과 크게 다르지 않은 값이 나옵니다.

앞의 코드에 선택한 문을 바꾸는 명령어를 추가하려면 다음과 같이 몇 줄만 삽입하면 됩니다(굵은 글씨가 추가한 부분입니다). 여기서 변수 doors는 1, 2, 3으로 이루어진 수열입니다. doors[(doors != pick) & (doors != open)]은 최초에 고른 것도 아니고(!= pick), 진행자가 연 것도 아닌(!= open) 문 번호를 의미합니다.

```
n_sim = 1000
doors = 1:3
success = 0

for (i in 1:n_sim) {
  # 세 개의 문 중 차의 위치를 고른다
  car = sample(doors, 1)

  # 차가 없는 곳에 염소들을 배치한다
  if(car == 1) goat = c(2,3)
  else if (car == 2) goat = c(1,3)
  else goat = c(1,2)

  # 참가자가 문을 고른다
```

```
  pick = sample(doors, 1)

  # 참가자가 고르지 않은 문 중 염소가 있는 문을 찾는다
  goat_not_picked = goat[goat != pick]

  # 참가자가 고르지 않은 문 중 염소가 있는 문 하나를 열어준다
  if (length(goat_not_picked) > 1) open = sample(goat_not_
picked, 1)
  else open = goat_not_picked

  # 참가자는 고른 문을 바꾼다
  pick = doors[(doors != pick) & (doors != open)]

  # 바꾸어 선택한 문이 차가 있는 문이면 '성공'으로 기록한다
  if (pick == car) success = succes + 1
}

# 총 시행 중 '성공'의 비율
success / n_sim
```

이 코드를 실행하면 성공률이 약 0.66에 가깝게 나오고 약간씩의 변화는 있을 수 있으나 실행할 때마다 비슷한 값이 나오는 것을 확인할 수 있습니다. 통계적 확률이 수학적 확률에 한없이 가까워진다는 법칙, 즉 큰 수의 법칙은 앞에서 n_sim을 1000보다 크게 늘리면 확인할 수 있습니다.

이제 왜 문을 바꾸면 차를 받을 확률이 높아지는지 최대한 직관적으로 설명하겠습니다. 만약 참가자가 염소가 있는 문을 골랐다면 진행자 입장에서는 염소가 있는 다른 문을 열어주는 것 말고는 선택지가 없습니다. 이때 문을 바꾸면 반드시 차를 얻게 됩니다. 즉, 참가자가 처음에 염소가 있는 문을 고른 경우 문을 바꾸면 반드시 차를 얻습니다. 반대로 참가자가 처음에 차가 있는 문을 고른 경우 진행자가 어떤 문을 고르든 상관없이 문을 바꾸면 차를 얻지 못합니다. 종합하면 문을 바꾸는 결정을 하는 참가자가 차를 얻을 확률은 처음에 염소가 있는 문을 고를 확률과 같다는 것을 알 수 있고, 이는 3분의 2입니다. 문을 바꾸지 않는 경우의 3분의 1에 비해 두 배 높은 확률입니다.

많은 사람이 이 문제에 대해 진행자가 어떤 문을 고르든 애초에 차가 있을지 없을지는 정해져 있었을 텐데 그것이 왜 차를 얻을 확률에 영향을 미치느냐며 의문을 제기했습니다. 그런데 여기서 한 가지 고려하지 않은 것은 참가자가 처음에 한 선택이 진행자가 어떤 문을 열어줄지, 그러고 나서 남은 문 뒤에 무엇이 있을지에 영향을 끼친다는 것입니다. 그런 이유로 이 주장은 틀렸다는 것을 알 수 있습니다.

재미있게도 전 세계에서 좀 배웠다 하는 사람들도 이 함정에 빠져 문제 출제자에게 편지를 보내 항의하기도 했다고 하니, 확률의 세계란 누구에게나 공평하게(?) 어렵다는 것을 다시 한번 실감할 수 있습니다.

이 사례를 통해 다시 한번 큰 수의 법칙이 성립함을 확인할 수 있었습니다. 그리고 몬테카를로 시뮬레이션을 활용하면 복잡한 수학적 계산 없이도 문제에 대해 올바른 답을 얻을 수 있다는 것도 알 수 있었습니다. 이런 장점 덕분에 몬테카를로 방법은 광범위한 분야에서 널리 사용되고 있습니다. 프로그래밍을 사용하면 이같이 어려운 확률이나 통계 문제의 답을 간단히 얻을 수 있습니다.

심슨의 역설[3]

특히 젊은 세대를 중심으로 젠더 갈등 양상이 치열한 요즘, 만약 대학에서 특정 성에 유리하게 신입생을 선발했다면 어떤 일이 벌어질까요? 예를 들어 남학생의 합격률이 여학생의 합격률보다 눈에 띄게 높았다고 합시다. 이런 사실이 알려지면 인터넷을 중심으로 난리가 날 것입니다. 그런데 학과별로 조사해보니 전반적으로는 여학생의 합격률이 남학생보다 높았다면 어떨까요? 통틀어 계산했을 때는 지원자 대비 합격자 수 비율이 남학생이 더 높았지만, 학과별 계산에서는 이 양상이 역전되는 것, 가능할까요? 놀랍게도 가능한 일입니다. 그리고 미국에서 실제로 있었던 일입니다.

1973년 미국 버클리 캘리포니아 대학교의 가을 학기 신입생 선발 결과는 가히 충격적이었습니다. 전체적으로 남학생의 합격률은 44%였던 반면, 여학생의 합격률은 35%였습니다. 지금도 당연하겠지만, 당시에도 난리가 났을 겁니다. 그런데 각 학과의 합격률을 조사해보니, 여학생의 합격률이 전반적으로 남학생에 비해 약간 높았던 것입니다. 예를 들어 A학과에서는 남학생 62% 대 여학생 82%, B 학과에서는 남학생 63% 대 여학생 68%, C학과에서는 남학생 6% 대 여학생 7% 이런 식으로 말입니다. 전반적으로 이런데, 이들을 합산한 결과가 어떻게 남학생에게 더 유리하게 작용했을까요?

그 답은 애초에 남학생과 여학생이 주로 지원한 학과의 경쟁률이 서로 달랐기 때문입니다. 여학생들은 주로 경쟁률이 더 높은 학과에 지원했고, 남학생들은 더 낮은 학과에 지원하는 경향이 있었다고 합니다. 좀 극단적인 예를 들어서, 전체 여학생의 90%가 앞서 말한 C학과에 지원하고, 전체 남학생의 90%가 A학과에 지원했다면 어떤 일이 벌어졌을까요? 각 학과에서는 여학생이 보다 높은 합격률을 보였겠지만, 여학생 대부분이 소위 '박터지는' 학과에 지원한 결과 전체 합격률은 남학생보다 낮게 나왔을 것입니다.

....

3 이 역설의 자세한 내용은 위키피디아 페이지에서 확인할 수 있습니다(https://en.wikipedia.org/wiki/Simpson%27s_paradox).

이와 같이 특정 집단 내에서 발견되는 추세와 전체 집단에서 발견되는 추세가 다른 경우가 왕왕 있습니다. 이럴 때 집단 내의 추세를 전체로 확장하면 오류를 범할 수 있습니다. 통계학의 세계는 이런 반직관적인 역설들로 가득합니다. 본문에서 소개한 몬티홀 역설은 그중 하나에 불과합니다.

04

조건부확률

조건부확률이란 ● 베이즈 정리 ● 조건부확률 시뮬레이션하기 ● 베이즈 정리 시뮬레이션하기 : 코로나19 검사

이제 확률론에서 가장 중요한 개념 중 하나인 조건부확률을 배워보겠습니다. 조건부확률은 어떤 사건이 참일 때 특정사건의 확률이 얼마인지를 일컫는 개념입니다. 베이즈 정리에 따르면 조건과 사건 모두가 일어날 확률을 조건만 일어날 확률로 나누면 조건부확률이 됩니다.

조건부확률이란

3장에서 확률의 개념을 알아보고 통계적 확률이 수학적 확률에 한없이 가까워진다는 큰 수의 법칙을 살펴보았습니다. 또한 컴퓨터 시뮬레이션을 통해 그것이 실제로 어떻게 실행되는지도 확인했습니다. 이제 확률론에서 가장 중요한 개념 중 하나인 조건부확률을 배워보겠습니다.

조건부확률conditional probability은 어떤 사건이 참일 때 특정사건의 확률이 얼마인지를 일컫는 개념입니다. 물론 두 사건이 일치해도 상관없지만 "A가 일어났을 때 A가 일어날 확률은?"과 같은 질문—확률은 항상 1일 것입니다—은 별 의미가 없겠죠? 따라서 전제에 해당하는 사건과 그 전제하에서 확률을 구하고자 하는 사건은 서로 다르다고 가정해도 큰 문제는 없습니다.

3장에서 수학적 확률에 대해 이야기할 때 관심 있는 경우의 수를 가능한 모든 경우의 수로 나누면 된다고 했습니다. 그리고 여기에는 한 가지 조건, 즉 모든 경우의 발생 가능성이 같다는 조건이 필요했습니다. 이 장에서는 이 조건을 받아들이겠습니다. 조건부확률은 수학적 확률에서 분모를 줄이는 방법에 관한 것입니다. 여기서 분자는 변하지 않기 때문에 조건부확률은 원래 확률에 비해 크다는 것을 알 수 있습니다.

간단한 예를 통해 조건부확률에 대해 자세히 알아봅시다. 주사위를 던졌을 때 어떤 눈, 이를테면 5가 나올 (수학적) 확률이 1/6이라는 것은 알고 있습니다. 그런데 주사위를 던져 홀수가 나온 사실을 아는 상태에서 그 눈이 5일 확률은 얼마일까요? 이때 2, 4, 6은 미리 배제할 수 있습니다. 그러니까 '가능한 모든 경우' 또는 표본공간을 구성하는 숫자는 1, 3, 5입니다. 그중에서 5가 나왔을 확률은 1/3입니다. 분모가 6에서 3으로 줄었다는 것을 확인할 수 있죠? 이제 이 조건부확률을 다음과 같이 표기합시다.

P(5 | 홀수) = 1/3

여기서 세로줄('|') 왼쪽은 관심 있는 사건(주사위의 눈이 5다), 오른쪽은 조건(주사위의 눈이 홀수다)을 의미합니다. 자, 그러면 P(5 | 짝수)의 값은 얼마일까요? 주사위의 눈이 짝수임을 알고 있을 때 주사위의 눈이 5일 수는 없습니다. 따라서 P(5 | 짝수)의 확률은 0입니다.

사실 앞의 식은 다음과 같이 볼 수도 있습니다(쉼표로 연결된 사건들은 모두 일어나고, 또 참이라는 것을 의미합니다).

P(5 | 홀수) = P(5, 홀수) / P(홀수) = (1/6) / (1/2) = 1/3

다시 말해 조건부확률은 조건과 사건 모두가 일어날 확률을 조건만 일어날 확률로 나눈 것입니다. 이것의 성립 이유에 대해서는 깊이 설명하지 않겠습니다만 앞에서 언급한 표본공간이 축소되는 것과 관련 있다는 것까지만 이야기하겠습니다. 다만 여기서 매우 중요한 **베이즈 정리**Bayes' theorem가 나오는데, 이는 실생활에서 중요하게 활용되기도 합니다. 사실 베이즈 정리는 조건부확률을 다르게 쓴 것에 불과하기 때문에 어렵지 않습니다. 그러면 베이즈 정리에 대해 본격적으로 살펴보겠습니다.

베이즈 정리

앞의 조건부확률 공식을 좀 더 추상적으로 나타내면 다음과 같습니다.

$$P(A \mid B) = P(A, B) / P(B)$$

앞의 예에서 A는 '주사위 눈이 5다', B는 '주사위 눈이 홀수다'에 해당되겠죠. 이 공식의 양변에 P(B)를 곱한 뒤 양변을 바꾸면 다음과 같습니다.

$$P(A, B) = P(A \mid B) \times P(B) \cdots (1)$$

여기서 B와 A의 자리를 바꾸면 다음과 같이 쓸 수 있습니다. A와 B는 사건을 가리키는 기호에 불과하므로 자리를 바꾸어도 아무 문제가 없습니다.

$P(B, A) = P(B \mid A) \times P(A)$ ··· (2)

$P(A, B)$나 $P(B, A)$가 의미하는 바는 같습니다. 'A와 B가 모두 참이다'와 'B와 A가 모두 참이다'는 같은 의미죠? 따라서 A와 B의 순서는 상관없습니다. 그래서 (1)의 좌변과 (2)의 좌변의 값이 같고, 그렇기에 (1)의 우변과 (2)의 우변의 값도 같아야 함을 알 수 있습니다. 따라서 다음의 식이 성립합니다.

$P(B \mid A) \times P(A) = P(A \mid B) \times P(B)$ ··· (3)

마지막으로 (3)에서 양변을 $P(A)$로 나누면 다음과 같습니다. 물론 $P(A)$는 0이 아니어야 합니다.

$P(B \mid A) = P(A \mid B) \times P(B) / P(A)$ ··· (4)

(4)가 바로 베이즈 정리의 공식입니다. 이 공식은 특히 최근 유행하고 있는 코로나19와 관련하여 매우 중요한 의미가 있습니다. 이에 대한 구체적인 사례는 나중에 알아보겠습니다.

한편, 베이즈 정리를 통계적 추론의 주된 도구로 사용하는 통계학의 학파가 있는데, 이를 **베이즈 통계학**Bayesian statistics이라고 합니다. 베이즈 통계학에서는 확률을 '믿음의 정도'로 정의하는데, 이 방식이 직관적으로 이해가 더 잘 되는 상황이 많습니다. 자세한 내용이 궁금한 분들은 검색을 하거나 관련 서적을 읽어보기 바랍니다.

조건부확률 시뮬레이션하기

조건부확률을 시뮬레이션을 통해 살펴보겠습니다. 먼저 앞에서 다룬 '홀수임을 아는 상태에서 5가 나올 확률'을 예로 들어볼까요? 다음 R 코드는 이것을 시뮬레이션하는 코드입니다. 여기서도 물론 몬테카를로 시뮬레이션이 활용됩니다. 즉 주사위를 던지는 시행을 매우 많이 한 뒤 그중 홀수가 나온 비율, 5가 나온 비율을 계산하여 통계적 확률을 산출하는 것입니다. 시행 횟수가 많아질수록 통계적 확률은 앞에서 계산했던 수학적 확률, 즉 1/3에 가까워질 것임을 짐작할 수 있습니다.

```
# 시뮬레이션 횟수
n_sim = 10000

# 홀수가 나온 횟수
n_odd = 0

# 5가 나온 횟수
n_5 = 0

for(i in 1:n_sim) {
  # 주사위를 던진다
  y = sample(1:6, 1)

  # 홀수가 나오면 n_odd에 1을 적립한다
  if (y%%2 == 1) n_odd = n_odd + 1
```

```
  # 5가 나오면 n_5에 1을 적립한다
  if (y == 5) n_5 = n_5 + 1
}
# 홀수가 나온 횟수 출력
print(n_odd)

# 5가 나온 횟수 출력
print(n_5)

# 홀수가 나온 횟수 중 5가 나온 비율(통계적 확률) 출력
print(n_5 / n_odd)
```

▶ %%는 나머지가 나오도록 하는 나눗셈 연산자입니다. 여기서는 2로 나누어 나머지가 1이 되는 경우를 가리키므로 y가 홀수인 경우를 말합니다.

물론 시뮬레이션 횟수, 즉 n_sim은 원하는 대로 줄이거나 늘릴 수 있습니다. 이 숫자를 변화시키면서 통계적 확률이 어떻게 변하는지 살펴보는 것도 좋은 경험이 될 것입니다. 앞의 코드를 실행했을 때 얻은 결과는 다음과 같습니다. 물론 이 시뮬레이션은 확률적 추출에 의존하기 때문에 시행할 때마다 결과가 조금씩 달라질 수 있습니다.

```
> print(n_odd)
[1] 4985
```

```
> print(n_5)
[1] 1659

> print(n_5 / n_odd)
[1] 0.3327984
```

총 1만 번의 시뮬레이션 중 4985번에서 홀수가 나왔습니다. 기댓값인 5000번과 완전히 같지는 않지만 꽤 근접한 숫자입니다. 그리고 그중 5가 나온 횟수는 1659번입니다. 이것을 4985로 나누면 우리가 원하는 조건부확률(홀수가 나왔을 때 그것이 5일 확률), 즉 0.333 가량을 얻습니다. 수학적 확률인 1/3과 거의 일치하는 값입니다. 물론 시행 횟수를 늘릴수록 이 값은 1/3에 더욱 가까워집니다.

앞서 말했던 것처럼 조건부확률은 조건이 딸려있지 않은 확률, 이를테면 홀수라는 전제가 없을 때 5가 나올 확률보다 항상 크거나 같을 수밖에 없다는 것도 눈여겨보기 바랍니다. 이제 그 이유를 이해할 수 있을 것입니다. 앞의 조건부확률 시뮬레이션에서 분모를 계산할 때 총 시행 횟수 중 특정 조건을 만족하는 것, 다시 말해 홀수만 추려냈습니다. 그런데 이 숫자는 총 시행 횟수를 넘을 수 없습니다. 따라서 분자가 같다고 가정할 때(5가 나온 횟수), 총 시행 횟수가 분모가 되는 경우[1]보다는 특정 조건을 만족하는 경우, 즉 조건부확률에서 분모가 더 작아지고, 따라서 전체 값은 커질 수밖에 없습니다.

....

1 이것을 **주변확률**이라고 부릅니다.

베이즈 정리 시뮬레이션하기: 코로나19 검사

베이즈 정리도 시뮬레이션을 통해 알아보겠습니다. 앞에서 이야기했듯이 코로나19 검사를 예로 들어 베이즈 정리가 실생활에서 활용되는 것을 살펴보겠습니다.

지금부터 다룰 내용은 모든 종류의 의학 검사에 적용되기도 합니다. 모든 검사는 두 종류의 오류 가능성이 있는데, 이를 '1종 오류Type I error'와 '2종 오류Type II error'라고 합니다. **1종 오류**는 **위양성**false positive이라고도 부르며 병이 없는데도 양성 결과가 나오는 경우를 말합니다. 반대로 **2종 오류**는 **위음성**false negative이라고도 하며 병이 있는데도 찾아내지 못하는 경우를 이릅니다. 이 두 종류의 오류를 최대한 줄이는 것이 의학자들의 주된 관심사입니다.

의학에서는 양성을 옳게 양성으로 진단true positive할 확률을 **민감도**sensitivity, 음성을 옳게 음성으로 진단true negative할 확률을 **특이도**specificity라고 합니다. 정의에 따르면 민감도는 2종 오류를 저지르지 않을 확률, 즉 1에서 2종 오류 확률을 뺀 것입니다.[2] 마찬가지로 특이도는 1에서 1종 오류 확률을 뺀 것이라는 사실을 알 수 있습니다.

문제는 1·2종 오류의 확률이 둘 다 충분히 낮다 하더라도 상황에 따라 직관에 반하는 결과가 나올 수 있다는 것입니다. 이를테면 민감도와 특이도가 모두 99%인 검사가 있다고 합시다. 완벽하지는 않지만 상당히 좋은 검사임에도 불구하고 검사 결과 양성으로 판정된 사람들 중 약 10%만이 **진양성**true positive일 수 있습니다. 나머지 90%는 질병이 없는데도 양성으로 잘못 진

2 다르게 표현하면 2종 오류를 저지르지 않는다는 것은 2종 오류를 저지른다는 것의 **여사건**입니다. 여사건의 확률은 1에서 원 사건의 확률을 빼서 얻을 수 있습니다.

단된 것이죠. 어떻게 이런 일이 일어날 수 있는 것일까요?

이유는 생각보다 간단합니다. 애초에 병을 갖고 있지 않은 사람들이 압도적으로 많다면 그런 일이 생길 수 있습니다. 병에 걸린 사람이 10명, 건강한 사람이 9990명 있다고 합시다. 그러면 총 1만 명 중 0.1%가 병이 있는 셈입니다. 여기서 0.1%를 '유병률'이라고 부릅니다. 그런데 병에 걸렸든 안 걸렸든 검사의 정확성은 99%이기 때문에 병이 있는 10명 중 전부, 병이 없는 9990명 중 9890명이 정확히 진단됩니다. 따라서 양성 판정을 받는 사람의 수는 실제로 병이 있는 10명과 실제로 병이 없는 100명입니다. 이 110명 중 병이 있는 사람의 수는 단 10명뿐인데, 이를 비율로 변환하면 10/110 = 1/11이기 때문에 실제로 병이 있는 사람의 비율은 채 10%가 안 됩니다. 검사의 정확도는 상당히 높았는데, 놀라운 결과입니다.

수학적 논증이 잘 이해되지 않는 분들을 위해 시뮬레이션을 해봅시다. 다음 R 코드는 앞에서 이야기한 것을 시뮬레이션으로 보여주는 것입니다. 우리의 관심은 위양성률이 얼마냐 하는 것입니다.

```
# 시뮬레이션 횟수 및 유병률
n_sim = 10000
prevalence = 0.001

# 검사의 민감도, 특이도
sensitivity = 0.99
specificity = 0.99
```

```
# 전체 질환 케이스 수, 실제 환자 수, 오진 케이스 수
n_total_positive = 0
n_true_positive = 0
n_false_positive = 0

# 시뮬레이션 파트
for(i in 1:n_sim) {
  # 유병률에 따라 실제 병의 유무를 할당함
  disease = rbinom(1, 1, prevalence)
  if (disease == 0) {  # 실제 병이 없는 경우
    diagnosis = rbinom(1, 1, 1 - specificity)
    if (diagnosis == 1) {
      n_total_positive = n_total_positive + 1
      n_false_positive = n_false_positive + 1
    }
  }
  if (disease == 1) {  # 실제 병이 있는 경우
    diagnosis = rbinom(1, 1, sensitivity)
    if (diagnosis == 1) {
      n_total_positive = n_total_positive + 1
      n_true_positive = n_true_positive + 1
    }
  }
}

# 양성, 위양성, 진양성 수
print(n_total_positive)
```

```
print(n_true_positive)
print(n_false_positive)

# 위양성률
print(n_false_positive / n_total_positive)
```

앞 코드는 n_sim회만큼 시뮬레이션을 하면서 양성과 위양성, 진 양성을 기록하는 것입니다. 민감도와 특이도는 각각 sensitivity, specificity라는 변수로 설정되어 있습니다. 그리고 disease라는 변수는 어떤 사람이 병이 있는지 없는지를 0과 1로 나타내는데, 앞서 살펴본 베르누이 시행을 해주는 함수인 rbinom( )을 통해 그 값이 무작위로 할당됩니다. 여기서 1, 즉 '병이 있음'이 추출될 확률은 prevalence라는 변수, 즉 유병률과 같습니다.

이제 병의 유무에 따라 시나리오가 나뉩니다. disease가 0이 나오는 경우, 즉 병이 없는 경우부터 살펴보겠습니다. 이때 나오는 양성 진단은 1종 오류입니다. 이를 시뮬레이션하기 위해 diagnosis라는 변수에 1종 오류의 확률로 1이 저장되게 합니다. 이것이 diagnosis = rbinom(1, 1, 1 - specificity)라는 줄의 의미입니다. 그 결과 diagnosis에 1이 저장되면 위양성인 것으로 간주하고 위양성 횟수를 하나 늘립니다(n_false_positive = n_false_positive + 1). 총 양성 진단 횟수도 하나 더해줍니다(n_total_positive = n_total_positive + 1). 0이 저장되면 음성으로 진단된 것이므로 아무것도 실행하지 않습니다.

반면 disease의 값이 1이라면 이는 병이 실제로 있다는 뜻입니다. 이

때 양성 판정이 나오는 것은 앞서 말한 **진양성**이고 그 확률은 민감도인 sensitivity입니다. 앞서와 같은 방식으로 진단 결과를 추출합니다. 이것이 diagnosis = rbinom(1, 1, sensitivity)라는 줄의 의미입니다. 여기서 양성이 나오면 그 결과를 기록합니다. 이것은 참 양성이기 때문에 n_false_positive 대신 n_true_positive에 1을 더하고 총 양성 판정 횟수에도 1을 더합니다. 앞에서와 마찬가지로 diagnosis가 0이 나오면 아무것도 실행할 필요가 없습니다.

시뮬레이션 실행이 완료되면 결과를 출력합니다. 우리의 관심은 여전히 전체 양성 중 위양성의 비율, 즉 n_false_positive / n_total_positive입니다. 코드가 제대로 실행되었다면 큰 수의 법칙에 의해 이 숫자는 높은 확률로 0.9가 넘게 나올 것입니다. 코드를 실행한 결과는 0.9148936이었습니다. 그리고 이 값은 앞서 계산한 진양성 비율 1/11을 1에서 뺀 것과 거의 일치합니다. 검사의 정확도가 실제로 양성인 경우와 음성인 경우 모두 상당히 높다는 사실을 감안하면 이 결과는 꽤 반직관적이지만 시뮬레이션 결과는 앞에서 한 계산이 맞다는 것을 보여줍니다.

이제 그 결과의 현실적 의미에 대해 몇 마디 덧붙이겠습니다. 검사 도구는 늘 불완전하기 때문에 검사 결과가 양성이라도 실제로는 음성일 수도 있는데, 전체 인구 집단에서 유병률이 낮을수록, 다시 말해 실제 음성인 사람의 비율이 높을수록 검사 결과가 양성인 사람들 중 위양성의 비중도 높아집니다. 그리고 유병률이 매우 낮으면 위양성의 숫자는 진양성의 숫자를 압도합니다. 이런 상황에서는 위양성 판정을 받은 사람들을 보살피는 데 쓸데없이 낭비되는 자원이 많을 것이라 짐작할 수 있고, 이것은 바람직한 결과가 아닙니다.

이런 문제를 해결하려면 어떻게 해야 할까요? 전체 인구 집단이 아니라 병을 갖고 있을 확률이 높은 집단을 대상으로 검사를 하는 것입니다. 전조 증상이 있는 사람들만 대상으로 검사하면 음성일 확률이 크게 줄어들 뿐 아니라 위양성 비율도 줄어듭니다. 코로나19가 기승을 부리던 2020년과 2021년에 이와 관련하여 코로나19 검사를 일반 국민들에게 확대 적용해야 하는지, 정확도가 조금 떨어지더라도 보다 간편한 검사 키트를 도입해야 하는지 등의 논쟁이 있었습니다. 독자 여러분도 검사의 정확도나 유병률에 따라 위양성 비율이 어떻게 변할지 앞의 시뮬레이션 코드를 사용하여 실험해보기 바랍니다.

생일 역설: 왜 드물게 보이는 사건은 꼭 일어나곤 하는가

살다 보면 매우 드물 것 같은 사건이 꼭 한 번씩은 일어나는 것을 보곤 합니다. 특히 나쁜 일일 때가 많습니다. 길을 가다가 오물을 밟거나, 심하면 교통사고를 당하거나 하는 일 말입니다. 그런데 이런 일이 생각보다 자주 일어나는 데는 이유가 있습니다. 지금부터 소개할 '생일 역설'이라는 것을 보고 나면, 무릎을 탁 치면서 이해하게 되실겁니다.

예전에 제가 학교 다닐 때는 한 반이 40명 이상인 경우가 꽤 흔했지만, 요즘은 저출생 트렌드로 인해 학급당 학생 수가 많이 줄었다고 합니다. 그러니 예를 들어 한 반에 20명이 있다고 합시다. 이 중 생일이 겹치는 학생이 한 명도 없을 확률은 얼마나 될까요? 언뜻 생각하면 1년에 365일이나 있는데 학생은 20명밖에 안 되니까, 꽤 높을 거라고 생각할 수 있습니다. 그런데 실제로 계산해 보면 그렇지 않다는 것을 알게 됩니다.

일단 첫 번째 학생의 생일은 고정돼 있습니다. 이제 두 번째 학생입니다. 모든 학생의 생일이 다르려면 이 학생의 생일은 첫 번째 학생의 생일을 제외한 나머지 364일 중 하나여야 합니다. 그럴 확률은 364/365입니다. 이런 식으로 계속 진행하면서, 확률을 모두 곱하면 되겠습니다. 간단하죠? 곱하는 이유는 각 학생의 생일이 앞선 학생의 생일과 다르다는 사건이 모두 참이어야 하기 때문입니다. 이를테면 열 번째 학생의 생일이 앞선 아홉 명의 생일과 다를 확률은 (365−9) / 365 = 356 / 365입니다. 이렇게 스무 번째 학생까지 생일이 다를 확률을 다 곱하면 다음과 같습니다.

$$\frac{(365-1)}{365} \times \frac{(365-2)}{365} \times \cdots \times \frac{(365-19)}{365}$$

마지막이 20으로 끝나지 않는 이유는 첫 번째 학생은 자신과 생일이 달라야 할 필요가 없기 때문입니다. 이 값을 실제로 계산해보면 약 58.9%가 나옵니다. 여전히 절반 이상의 확률로 학생 20명의 생일은 다 다르지만, 생각보다는 꽤 낮은 값임을 알 수 있습니다. 즉, 40% 정도의 확률로 생일이 같은 학생이 있을 수 있다는 것입니다. 만약 한 반이 20명이 아닌 30명이라면, 모든 학생의 생일이 다 다를 확률은 29%가량으로 뚝 떨어집니다. 약 70%의 확률로 생일이 같은 학생이 존재하는 것입니다.

왜 이런 일이 벌어질까요? 그 답은 앞의 수식을 보면 쉽게 알 수 있습니다. 곱해지는 숫자에서 분모는 365로 고정돼 있는데, 분자는 1씩 계속 작아집니다. 그리고 이 작아진 숫자는 계속 곱해집니다. 이것이 쌓이고 쌓이면 숫자는 충분히 작아지는데, 그렇게 되기 위해서는 그리 많은 횟수를 곱하지 않아도 된다는 것이 이 역설의 핵심입니다.

이제 원래의 질문에 답할 차례입니다. 매우 드물 것 같은 사건이 왜 꼭 한 번씩은 일어나는 것처럼 보일까요? 그것은 그 사건이 각각의 독립적인 경우에 모두 일어나지 않는 것이 매우 힘들기 때문입니다. 그리고 확률을 잘 이해하는 사람은 이것이 왜 그런지도 투명하게 꿰뚫어볼 수 있습니다. (어떤 학교에 20명짜리 학급이 10반이 있다고 생각해보십시오.)

참고 아래 R 코드는 생일 역설을 시뮬레이션하는 코드입니다. n은 위에 등장하는 학급당 학생 수에 해당됩니다. res를 부르면 계산된 확률이 출력됩니다.

```
n <- 30
res <- 1
for(i in 1:(n-1)) {
  res <- res * (365-i) / 365
}
res
```

05

확률분포

확률분포란 ● 이산확률변수와 연속확률변수 ● R로 이산확률분포 시뮬레이션하기 : 로또 복권 ● 가장 대표적인 연속확률분포, 정규분포 ● R로 정규분포 다루기 ● 중심극한정리 ● 중심극한정리는 (거의) 모든 분포에 적용된다

지금까지는 간단한 확률만 알아보았는데, 이제 확률분포를 가지고 복잡한 확률도 계산해보겠습니다. 확률분포란 총합이 1이 되어야 하는 확률이 각각의 경우에 어떻게 흩어져 있는지를 나타낸 것입니다. 주사위던지기의 경우 각각의 눈에 1/6씩 분포되어 있는 것을 나타낸 것이 확률분포가 되지요.

확률분포란

이 장에서는 확률분포에 대해 살펴보겠습니다. 지금까지는 동전을 던졌을 때 앞면이 나올 확률, 주사위를 던졌을 때 1이 나올 확률 등 간단한 확률만 알아보았는데, 확률분포를 사용하면 복잡한 확률도 계산할 수 있습니다. 물론 가능한 경우가 '성공'과 '실패' 두 가지밖에 없는 베르누이 시행에도 확률분포를 적용할 수 있습니다.

분포란 총합이 1이 되어야 하는 확률이 각각의 경우에 어떻게 흩어져 있는지를 나타낸 것입니다. 공평한 동전을 던지는 경우 확률이 '앞'에 0.5, '뒤'에 0.5씩 분포되어 있는 것을 나타낸 것이고, 주사위던지기의 경우 각각의 눈에 1/6씩 '분포'되어 있는 것을 나타낸 것이지요. 그러나 이 값이 모두 똑같아야 할 필요는 없습니다. 주사위던지기에서 1이 나오면 '성공', 다른 것이 나오면 '실패'라고 정의할 경우 이때의 확률분포는 '성공'에 1/6, '실패'에 5/6

가 할당되는 분포가 됩니다. 하지만 어떤 경우든 분포된 확률의 총합은 1이 되어야 합니다. 그리고 개별 경우의 확률은 음수가 될 수 없습니다.

고등학교 《확률과 통계》 교과서에서는 좀 더 어려운 용어를 써서 먼저 **확률변수**에 대해 설명하는데, 여기서는 '확률적으로 서로 다른 값을 가질 수 있는 어떤 것'이라고만 정의하겠습니다. 동전던지기를 예로 들면 동전을 던졌을 때 나온 면이 확률변수인데, 이 '확률변수 x가 갖는 값과 x가 이 값을 가질 확률 사이의 대응 관계'를 확률분포로 정의하는 것이지요. 이는 수학에서 말하는 **함수**의 정의, 즉 특정한 입력값에 대해 특정한 출력값을 대응시키는 것입니다. 여기서 입력값은 특정 사건, 출력값은 그 값에 대응되는 확률이라고 할 수 있습니다. 하지만 어렵게 생각할 필요 없이 앞에서 설명한 직관적 정의 정도만 이해해도 확률을 실생활에 적용하는 데는 충분합니다.

이산확률변수와 연속확률변수

《확률과 통계》 교과서에서는 이산확률변수와 연속확률변수를 구분하여 설명합니다. **이산확률변수**는 확률변수가 가질 수 있는 값들이 멀찍이 떨어져 있는 것을 말하고, **연속확률변수**는 확률변수가 가질 수 있는 값들이 이어져 있는 것을 말합니다. 주사위 눈의 경우는 1에서 6까지의 숫자 중 하나로 결정됩니다. 그 사이에 있는 1.1, 2.5, 4.7 같은 숫자는 주사위 눈의 값이 될 수 없죠. 그래서 주사위 눈은 이산확률변수입니다.

이와 달리 '서울에 사는 어떤 사람의 키'는 가질 수 있는 값의 종류가 무한히 많습니다. 170센티미터일 수도 있지만 170.1센티미터, 170.01센티미

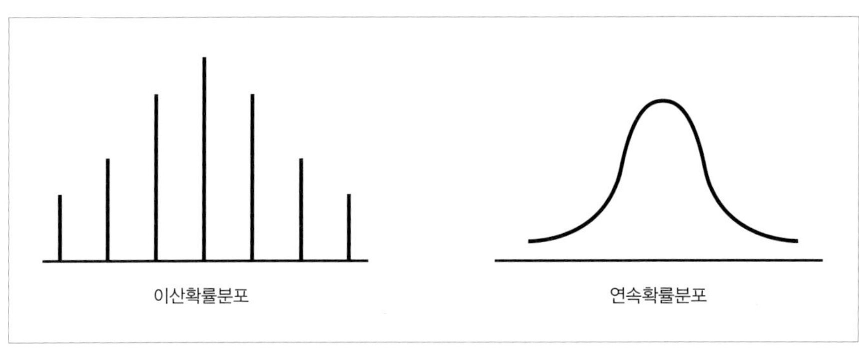

터일 수도 있습니다. 이처럼 '사람의 키'가 가질 수 있는 값은 무한할 수 있고, 그 값들은 이어져 있습니다. 그러므로 '서울에 사는 어떤 사람의 키'는 연속확률변수라고 할 수 있습니다.

하지만 사람의 키에는 주사위 눈과 같은 방식으로 확률을 할당할 수 없습니다. 주사위 눈의 개수는 유한하고 각각 확률을 할당했을 때 그 합이 1이 되게 만들 수 있습니다. 이에 반해 사람의 키가 가질 수 있는 값은 무한하기에 0이 아닌 확률들을 할당하면 합했을 때 1이 아닌 무한대가 됩니다. 따라서 연속확률변수에는 확률을 할당하는 다른 방법이 필요합니다.

학자들은 연속확률변수에 확률을 할당하는 법을 고민한 끝에 특정한 값이 아닌 어떤 구간에 대해 확률을 할당하기로 약속했습니다. '170센티미터' 같은 하나의 값이 아닌 '170센티미터보다 크고 171센티미터보다 작은'과 같은 구간에 확률을 부여하는 것입니다. 그러면 각각의 값에 확률을 따로 부여하는 데서 오는 골치 아픈 문제는 사라집니다. 《확률과 통계》 교과서에서는 이를 일종의 넓이로 표현하고 적분으로 계산합니다. 그러나 여기서는 적분에 대해 깊게 설명하지 않겠습니다. R이 여러분을 위해 적분하여 면적, 즉 확률을 계산해줄 것이기 때문입니다.

이제 이산확률변수와 연속확률변수가 있다는 것을 염두에 두고 실제로 확률과 확률분포를 다루는 방법에 대해 알아보겠습니다.

R로 이산확률분포 시뮬레이션하기: 로또 복권

컴퓨터 프로그래밍이 손으로 계산하는 방식에 비해 가장 빛나는 점은 바로 복잡한 계산도 어렵지 않게 할 수 있다는 것입니다. 고등학교 《수학》 교과서에서는 R과 같은 프로그래밍 언어를 사용하기 힘들기 때문에 손으로 계산할 수 있는 매우 간단한 사례들만 나옵니다. 하지만 코딩을 할 수 있으면 복잡한 계산도 어렵지 않게 해볼 수 있습니다.

먼저 이산확률변수를 바탕으로 로또 복권의 예를 들어볼까요? 추첨된 6개의 숫자 중 0개부터 6개까지의 숫자를 각각 맞히는 경우의 확률을 생각해봅시다. 이 일곱 가지 경우의 확률을 모두 더하면 1이 되어야 합니다. 가능한 모든 경우를 고려했기 때문입니다. 이를 확률에서는 **전사건의 확률**이라고 부릅니다.

먼저 확률분포의 '정답'을 구하기 위해 수학적 확률부터 생각해봅시다. 추첨에서 1부터 45까지의 공이 선택될 확률은 모두 동일하다는 전제하에 수학적 확률을 적용할 수 있습니다. 실제로 로또 복권을 추첨할 때 공들을 기계로 잘 섞죠? 그리고 앞서 살펴보았던 바와 같이 45개의 공 중 6개를 고르는 모든 경우의 수는 ${}_{45}C_6$인데, 이것을 수학적 확률 계산과정에서 분모로 사용할 것입니다.

이제 추첨된 6개의 숫자 중 0개부터 6개를 고르는 경우의 수와 그 수학적 확률을 계산해봅시다. 먼저 하나도 맞히지 못하는 경우의 수는 45개 중 6개를 제외한 39개 중 6개의 숫자를 고르는 경우의 수, 즉 ${}_{39}C_6$과 같습니다. 순서는 고려할 필요가 없으므로 순열이 아닌 조합을 사용했습니다. 그리고 그 수학적 확률은 ${}_{39}C_6$을 ${}_{45}C_6$으로 나눈 것과 같습니다.

다음으로 하나만 맞히는 경우를 생각해봅시다. 이런 결과가 나오려면 정답 6개 중 하나를 고르고 나머지 39개 중 5개를 고르면 됩니다. 이 둘을 곱하면 가능한 모든 경우의 수가 나오고 이것은 총 ${}_{39}C_5 \times {}_6C_1$가지입니다. 이것을 다시 ${}_{45}C_6$으로 나누면 하나만 맞힐 확률이 나옵니다.

이와 같은 방식으로 2부터 6에 대해서도 계산할 수 있습니다. ${}_{39}C_4 \times {}_6C_2$, …, ${}_{39}C_0 \times {}_6C_6$까지 계산하고 각각을 ${}_{45}C_6$으로 나누면 수학적 확률을 얻습니다. 애초에 0개를 맞히는 경우도 ${}_{39}C_6 \times {}_6C_0$이라고 할 수 있습니다. 왜냐하면 6개 중 0개를 고르는 경우의 수는 단 하나, '아무것도 고르지 않는다'이기 때문입니다. 그런 이유로 ${}_iC_j$에서 오른쪽 아래(j)가 0이면 왼쪽 아래(i)에 무슨 숫자가 오건 값은 1이 됩니다.

0개 맞히는 경우의 수: ${}_{39}C_6 \times {}_6C_0$

1개 맞히는 경우의 수: ${}_{39}C_5 \times {}_6C_1$

2개 맞히는 경우의 수: ${}_{39}C_4 \times {}_6C_2$

3개 맞히는 경우의 수: ${}_{39}C_3 \times {}_6C_3$

4개 맞히는 경우의 수: ${}_{39}C_2 \times {}_6C_4$

5개 맞히는 경우의 수: ${}_{39}C_1 \times {}_6C_5$

6개 맞히는 경우의 수: ${}_{39}C_0 \times {}_6C_6$

확률: 위 수를 전사건의 경우의 수인 ${}_{45}C_6$으로 나눔

지금까지의 이야기를 수식으로 간단히 표현할 수 있습니다. 당첨 숫자 6개 중 x개, 나머지 39개 중 x개를 제외한 나머지 숫자를 고르는 경우의 수는 다음과 같이 나타낼 수 있습니다.

$$ {}_{39}C_{6-x} \times {}_{6}C_{x} $$

이 공식은 경우의 수를 계산하는 프로그램을 작성하는 데 큰 도움이 됩니다. 이제 여러분은 프로그래밍을 할 수 있기 때문에 경우의 수를 손으로 계산할 필요가 없습니다. 위의 공식을 바로 R로 구현해봅시다. 확률 및 통계를 위해 탄생한 언어답게 R은 조합을 계산하는 명령어를 바로 제공합니다. 바로 `choose( )`입니다. (2장에서 짰던 `comb`라는 이름의 함수가 `choose`와 같은 기능을 하는 것이었습니다.) 형식은 `choose(n, r)`인데, 여기서 `n`은 전체 공 개수(45개), `r`은 추첨하는 총 개수(6개)에 해당됩니다. 이 함수를 이용하여 로또 복권 당첨 숫자 중 x개를 고르는 프로그램 명령어는 다음과 같이 단 한 줄로 작성할 수 있습니다. 간단하죠?

```
lotto <- function(x) choose(39, 6-x) * choose(6, x)
```

이제 `lotto( )`라는 함수를 사용하여 각각의 경우의 수를 계산할 수 있습니다. 0개부터 6개까지 당첨 숫자 중에서 고르는 경우의 수는 다음과 같습니다.

```
> for (x in 0:6) print(lotto(x))
[1] 3262623
[1] 3454542
[1] 1233765
[1] 182780
[1] 11115
[1] 234
[1] 1
```

각 등수에 '당첨'되는 경우의 수가 나옵니다. 맨 마지막에 출력된 숫자 1은 6개의 숫자를 모두 맞추어 1등에 당첨된 경우의 수를 말합니다. 앞의 함수를 조금만 수정하면 수학적 확률도 얻을 수 있습니다.

다음의 함수를 새로 하나 정의해봅시다. 이 함수는 계산된 경우의 수를 전체 경우의 수로 나누는 단계가 추가되었습니다.

```
lotto2 <- function(x) choose(39, 6-x) * choose(6, x) / choose(45,
6)
```

이것을 다시 0부터 6까지의 입력값에 대해 실행하면 다음과 같은 결과를 얻습니다.

```
> for (x in 0:6) print(lotto2(x))
[1] 0.4005646
[1] 0.4241273
[1] 0.151474
[1] 0.0224406
[1] 0.001364631
[1] 2.872907e-05
[1] 1.227738e-07
```

▶ 위 결과 표시의 e-(또는 e+)는 긴 자릿수의 숫자를 지수로 변환해 나타내는 기호입니다. 예를 들어, e-05가 붙어 있으면 해당 숫자에 10^{-5}, 즉 10,000분의 1을 곱하면 됩니다.

마지막 숫자는 실제로 계산하면 814만 분의 1과 거의 같다는 것을 확인할 수 있습니다.

여기까지 '로또 복권 추첨 결과 맞힌 숫자의 개수'라는 이산확률변수의 확률분포를 계산해보았습니다. 이산확률분포는 각각의 경우, 그리고 그에 대응되는 확률을 나열한 표로 나타낼 수 있습니다. 결과는 다음과 같습니다.

맞힌 개수	0	1	2	3	4	5	6
확률	0.40	0.42	0.15	0.02	0.001	0.00002	0.00000012

가장 대표적인 연속확률분포, 정규분포

이번에는 연속확률분포를 살펴보겠습니다. 연속확률분포의 확률은 확률변수가 특정한 값을 가질 확률이 아니라 어떤 값들 사이에 있을 확률로 정의되는데, 대표적인 연속확률분포에는 **균등분포**uniform distribution와 **정규분포**normal distribution가 있습니다. 균등분포는 어떤 구간이 주어졌을 때 그 구간 내의 모든 값이 발견될 가능성이 동일한 분포입니다. 예를 들어, 어떤 집단의 사람들의 키가 150센티미터에서 190센티미터 사이의 균등분포를 따른다면 이는 150센티미터에서 190센티미터 사이의 키가 다 같은 정도로 발견된다는 것을 의미합니다. 이런 균등분포는 별로 현실적이지는 않겠죠?

균등분포가 통계학에서 매우 유용하게 사용되기는 하지만 여기서는 보다 실용적이고 자주 접할 수 있는 정규분포를 살펴본 다음 본격적으로 R로 정규분포를 다루겠습니다.

정규분포는 실생활에서도 자주 접하는 통계 용어입니다. 다양한 사회, 자연 현상들을 정규분포로 나타낼 수 있습니다. 정규분포라는 용어를 들어보지 못했다면 아마 **종형 곡선**은 접해보았을 것입니다. 정규분포를 종형 곡선이라고도 부르는데, 이는 정규분포의 확률분포를 그래프로 그렸을 때 종 모양이기 때문입니다. 그중에서도 표준이 되는 **표준정규분포**의 그래프는 다음과 같습니다. 그래프에는 대략 −3에서 3까지만 그려져 있지만 이 범위 밖에도 그래프는 존재합니다. 그래프 선이 X축에 바싹 달라붙어 있어 육안으로 보기 힘들 뿐입니다.

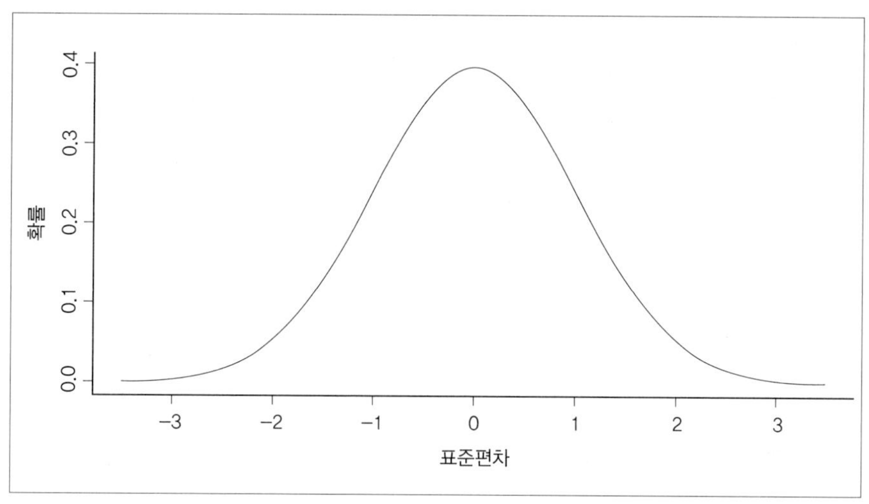

위의 확률분포 곡선은 다음과 같은 특징이 있습니다.

- 확률분포 곡선의 높이는 그 부근의 값들이 나올 확률과 관련이 있습니다. 곡선이 높은 곳 주변의 값들이 낮은 곳 주변의 값들보다 확률이 더 높습니다. 이는 정규분포에만 적용되는 것이 아니라 모든 확률분포 곡선에 적용됩니다.
- 봉우리가 존재합니다. 앞의 그래프에서는 봉우리가 x=0에 있습니다. 이는 0에 가까운 값들이 관찰될 확률이 높다는 것을 말합니다. 0은 앞 확률분포의 **평균** 또는 기댓값입니다.
- 봉우리를 중심으로 대칭입니다. 앞의 그래프는 0을 중심으로 대칭입니다.
- 곡선 아래 면적 중 x=−1에서 x=1 사이가 전체 면적에서 차지하는 비율이 높다는 것을 알 수 있습니다. 실제로 계산하면 약 70%를 차지합니다. 여기서 1을 **표준편차**standard deviation라고 부르는데, 그 값은 정

규분포마다 다르지만 1 표준편차 안에 들어오는 값의 비율은 항상 일정합니다. 그리고 2 표준편차 안에는 약 95%의 값이 들어옵니다. 자세한 것은 뒤에서 다시 설명하겠습니다.

정규분포는 다양한 사회, 자연 현상에 대한 우리의 직관과 부합하는 특성을 갖고 있습니다. 대부분의 자료는 평균을 중심으로 가까이 모여있거나, 평균에서 양이나 음의 방향으로 떨어진 정도가 대개 비슷하거나, 평균에서 많이 떨어진 값들은 그리 많이 존재하지 않습니다. 정규분포는 이런 기대를 만족시켜주는 좋은 분포입니다. 여기서 '좋다'라는 의미는 자료의 분포를 근사적으로 나타내는 데 꽤 쓸만하다는 것을 말합니다. 물론 현실에 존재하는 자료를 정규분포로 나타내보면[1] 이론적 정규분포에서 조금씩은 이탈하기 마련입니다. 하지만 그 정도가 너무 심하지 않으면 정규분포는 실제 자료의 분포를 이해하는 데 큰 도움이 됩니다. 현실을 단순화할 수 있게 해주기 때문입니다.

이와 관련하여 저명한 통계학자 조지 박스George E. P. Box는 확률분포의 유용함을 이렇게 표현한 바 있습니다. "모든 (확률) 모형은 틀렸다. 하지만 그 중 어떤 것은 유용하다." 너무 유명하여 대부분의 통계학 전공자가 알고 있는 이 말은 정규분포뿐 아니라 어떤 확률분포로 현실을 나타내는 경우라면 다 적용할 수 있습니다. 확률분포는 어디까지나 이론적 단순화이기 때문에 현실에서 발견되는 자료가 특정 확률분포에 100% 들어맞는 일은 거의 없습니다. 그러나 80~90% 정도, 또는 그보다 정확도가 떨어지더라도 없는 것

....

1 통계학에서는 확률 모형으로 자료를 나타내는 것을 **적합**fitting**하다**고 표현합니다.

보다는 훨씬 나은 경우가 많습니다. "유용하다"는 그런 의미라고 생각하면 될 듯합니다.

본론으로 돌아가서 정규분포는 두 개의 중요한 숫자에 의해 결정됩니다. 첫째, 평균 또는 기댓값입니다. 알고 있겠지만 평균에 대해 부연하면 평균은 대푯값, 즉 자료의 분포를 숫자 하나로 요약하는 데 사용하는 값의 일종입니다. 평균이 분포를 잘 대표하는지는 분포 자체의 특성에 따라 다르지만 정규분포와 같이 '봉우리'가 하나밖에 없고 대부분의 값이 평균 주변에 있는 경우에는 평균이 매우 유용한 요약값입니다.

둘째, 표준편차입니다. 표준정규분포는 평균이 0이고 표준편차가 1인 특성을 갖고 있습니다. 표준편차는 평균에서 자료가 얼마나 떨어져 있는지를 나타내는 값입니다. 앞에서 이야기한 70%, 95%는 표준편차를 기준으로 하는 값입니다. 전자는 (1 × 표준편차), 후자는 (2 × 표준편차) 안에 들어오는 값의 비율입니다. 예를 들어 어떤 정규분포를 따르는 자료의 표준편차가 10이면 평균 ± 10 안에 약 70%의 자료가, 평균 ± 20(2 × 표준편차) 안에는 약 95%의 자료가 있다는 말입니다. 표준편차의 제곱을 분산이라고도 하지만 이 값 자체는 실생활에서 크게 의미 있는 값이 아니므로 자세히 설명하지 않겠습니다.

또한 표준편차는 정규분포의 그래프, 또는 정규분포곡선의 모양과도 관련이 있습니다. 표준편차가 클수록 그래프는 낮고 납작해지며, 작을수록 높고 뾰족해집니다. 표준편차가 값들이 (평균을 중심으로) 모여 있는 정도를 의미하기 때문입니다. 표준편차가 클수록 값이 퍼져있고 작을수록 모여있다고 할 수 있습니다.

참고로 평균과 표준편차를 이용하여 정규분포를 표기할 때는 $N(0, 1^2)$과

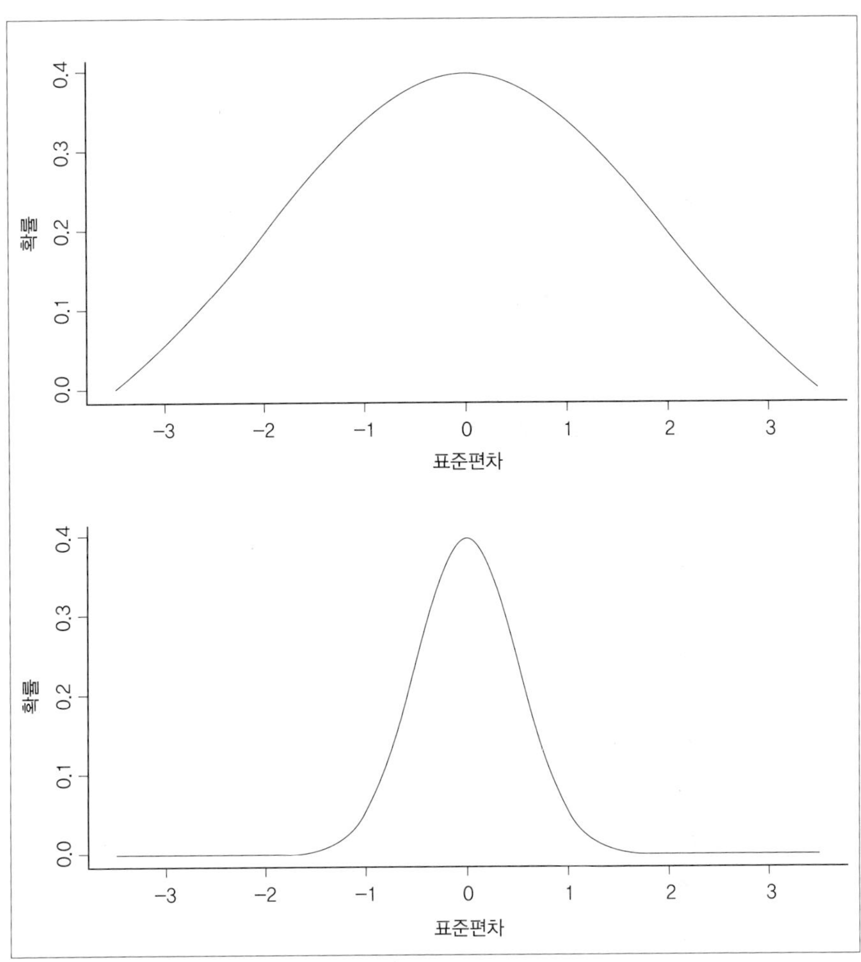

▶ 위 그래프는 표준편차가 2인 정규분포, 아래 그래프는 표준편차가 0.5인 정규분포이다.

같이 표기합니다. 콤마(,) 앞에는 평균, 뒤에는 표준편차의 제곱을 씁니다. 여기서 N은 정규분포를 나타내는 'normal distribution'에서 normal의 머리글자를 딴 것입니다. 그리고 '1^2'은 표준편차의 제곱으로 분산을 의미하는데, 이렇게 쓰는 것은 일종의 표기 관습입니다.

R로 정규분포 다루기

이제 정규분포의 예시를 살펴보겠습니다. 우리나라 1인당 국민총소득GNI은 2019년 기준 약 3만 600달러라고 합니다. 여기서는 편의상 3만 달러라고 하겠습니다. 통계청의 설명에 따르면 3만 달러는 국민총소득을 총인구 수로 나눈 것이므로 일종의 평균입니다. 표준편차 자료는 구하기 어려운 관계로 어쩔 수 없이 편의상 1만 달러라고 가정하겠습니다. 하지만 이 숫자는 절대 참값이 아님을 염두에 두기 바랍니다. 일종의 가정입니다. 이제 소득이 정규분포를 따른다고 합시다. 앞서 이야기한 표기법을 이용하여 나타내면 $X \sim N(30000, 10000^2)$입니다. X는 개인의 소득을 나타내는 확률변수입니다.

그런데 정규분포는 연속확률분포의 하나입니다. 따라서 확률변수가 특정한 값을 가질 확률을 (원칙적으로는) 말할 수 없습니다. 이를테면 어떤 사람의 연간 소득이 정확히 2만 5000달러일 확률은 정규분포에서는 0입니다. 물론 현실에서는 정확히 2만 5000달러를 버는 사람이 있을 수 있습니다. 하지만 여기서는 정규분포를 소득분포를 나타내는 도구로 사용하고 있으므로 그 특성을 받아들이는 것입니다.

대신 소득이 어떤 구간에 속할 확률은 말할 수 있습니다. 어떤 사람의 소득이 2만 5000달러와 3만 5000달러 사이에 있을 확률을 앞의 정규분포로부터 구할 수 있습니다. R에서 이 확률을 구하는 데 사용할 함수는 `pnorm( )`입니다. 여기서 p는 'probability', norm은 정규분포를 의미합니다. 이 명령어는 세 개의 입력값을 받는데, 차례대로 확률을 구할 값, 평균, 표준편차입니다. 다음의 명령어를 콘솔에 입력하고 실행해봅시다.

```
pnorm(35000, 30000, 10000) - pnorm(25000, 30000, 10000)
```

▶ 평균이 30000, 표준편차가 10000인 정규분포를 바탕으로 값을 구하고 있습니다.

제대로 실행되었다면 0.3829…라는 숫자가 출력됩니다.

앞의 명령어에서 pnorm( ) 함수는 어떤 두 값 사이의 확률을 직접 구해 주지 않고, 대신 음의 무한대로부터 첫 번째 입력값까지의 확률을 계산합니다. 따라서 pnorm( )을 이용하면 간접적으로 두 값 사이의 확률을 계산할 수 있습니다. 다시 말해 두 값 사이의 확률은 '음의 무한대에서 큰 값까지의 확률'을 구한 다음 거기서 '음의 무한대에서 작은 값까지의 확률'을 뺀 것과 같습니다. 이런 방식으로 소득이 2만 5000달러에서 3만 5000달러 사이에 있을 확률을 구한 것입니다.

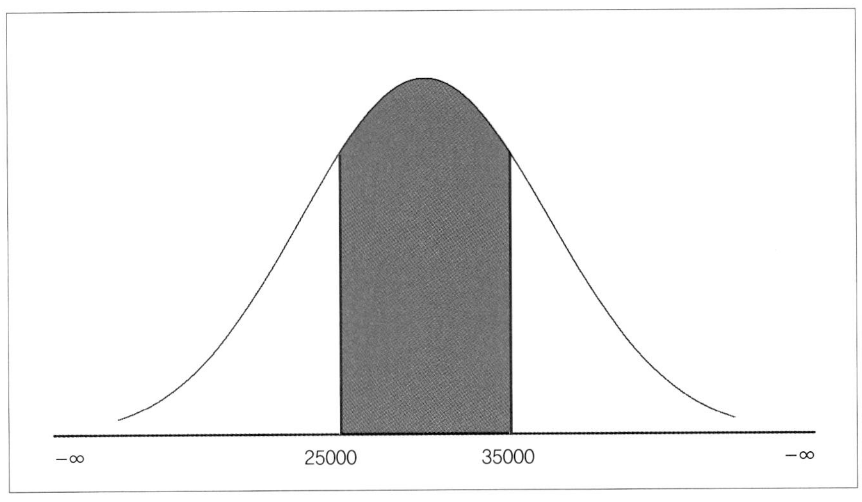

▶ '−∞ ~ 35000'에서 '−∞ ~ 25000'을 빼면 25000과 35000 사이의 면적(확률)이 나온다.

이와 같은 방식으로 소득이 2만 5000달러보다 작을 확률과 3만 5000달러보다 클 확률도 구할 수 있습니다. 첫 번째는 `pnorm(25000, 30000, 10000)`이고, 두 번째는 `1-pnorm(35000, 30000, 10000)`입니다. 후자가 그렇게 되는 이유는 3만 5000달러보다 클 확률은 전체 확률인 1에서 3만 5000달러보다 작을 확률을 뺀 것과 같기 때문입니다. 실제로 실행해보면 둘 다 약 0.308의 값이 나옵니다. 값이 같은 이유는 분포가 평균인 3만 달러를 중심으로 대칭이기 때문입니다. 2만 5000달러와 3만 5000달러는 평균으로부터 같은 거리만큼 떨어져 있죠? 그래서 2만 5000달러보다 작을 확률은 3만 5000달러보다 클 확률과 정확히 일치합니다.

정규분포를 따르는 모든 확률변수는 표준정규분포로 변환할 수 있습니다. 모든 정규분포는 평균과 표준편차 두 개의 숫자로 표현되는데, 정규분포를 따르는 숫자는 늘 '평균으로부터 몇 표준편차만큼 떨어져 있느냐'로 변환할 수 있기 때문에 변환이 가능한 것입니다. 이 변환과정을 표준화standardization라고 부릅니다. 그리고 표준화를 한 확률변수는 표준정규분포, 즉 $N(0, 1^2)$을 따릅니다.

표준화를 하려면 숫자에서 평균을 빼고 표준편차로 나누면 되는데, 직관적으로 그 의미는 간단합니다. 앞에서 예로 든 2만 5000달러라는 숫자의 경우 3만 달러라는 평균과 1만 달러라는 표준편차상에서 보면 그 값은 평균으로부터 0.5 표준편차(10000 × 0.5 = 5000달러)만큼 음(−)의 방향으로 떨어진 값입니다. 구체적으로는 2만 5000달러에서 3만 달러를 뺀 다음 표준편차인 1만 달러로 나누면 −0.5라는 값을 얻고, 이것은 2만 5000달러의 '표준화된' 값입니다.

이 값을 사용하여 확률을 계산해도 앞에서 이미 얻은 값과 정확히 같은 확률을 얻을 수 있습니다. N(30000, 10000^2)을 따르는 확률변수가 2만 5000달러보다 작을 확률은 N(0, 1^2)을 따르는 확률변수가 −0.5보다 작을 확률과 정확히 일치합니다. 이를 명령어로 확인하려면 `pnorm(-0.5, 0, 1)`을 실행하면 됩니다. R은 평균과 표준편차를 주지 않으면 표준정규분포인 것으로 여기기 때문에 `pnorm(-0.5)`만 실행해도 원하는 결과를 얻을 수 있습니다. 그러면 앞에서 얻은 0.308…이라는 값이 똑같이 출력되는 것을 확인할 수 있습니다.

이산확률분포의 경우와는 달리 연속확률분포는 가능한 값의 종류가 무한하기 때문에 앞에서와 같은 확률분포 표는 만들 수 없습니다. 대신 그래프는 그릴 수 있습니다. 109쪽의 정규분포 그래프 같은 것은 다음의 명령어로 만들 수 있습니다.

```
curve(dnorm(x), -3, 3, xlab = 'X', ylab = 'density')
```

`curve( )`라는 명령어는 어떤 수학적 함수의 그래프를 그리고 싶을 때 사용하는 명령어입니다. 여기서는 표준정규분포 함수를 그리고 싶으므로 첫 번째 입력값으로 `dnorm(x)`를 넣어줍니다. 앞에서 `pnorm( )`을 확률을 계산하는 데 썼다면, `dnorm( )`은 거기에 사용된 확률함수의 값 자체를 구하는 데 사용할 수 있습니다. 이를 **확률밀도함수**probability density function라고 부릅니다. 다른 입력값들도 보면 −3과 3은 그래프를 어디서 어디까지 그릴지 나타내는 것인데, 여기서는 −3부터 3까지 그리겠다는 뜻입니다. 물론 −3과 3을 다른 숫자로 바꾸어 그래프를 그릴 수도 있습니다. 그리고 `xlab`과 `ylab`은 X

축과 Y축 이름label인데, 넣어도 되고 안 넣어도 상관없습니다.

지금까지 살펴본 바와 같이 정규분포가 유용한 이유는 다음과 같습니다. 어떤 자료의 분포가 있을 때 거기서 어떤 값보다 작거나 큰 값이 전체의 몇 %인지 알아보려면 매번 일일이 자료를 찾아야 하는 불편함이 있습니다. 하지만 (약간의 부정확함을 감수하고) 자료를 평균과 표준편차, 즉 정규분포로 요약하면 컴퓨터를 이용하여 대략 몇 %의 자료가 어느 구간에 위치하는지 바로 계산할 수 있습니다. 그리고 약간의 노력을 더 기울이면 상하위 몇 %에 위치하는 값이 얼마인지도 바로 알 수 있습니다. 그 값이 매우 정확할 필요가 없다면 정규분포는 자료를 나타내는, 충분히 쓸만한 도구입니다. 여기서 중요한 것은 이런 유용한 근사를 위해 단 두 개의 숫자밖에 필요하지 않다는 사실입니다. 이것이 확률분포로 자료의 특성을 나타내는 근본적인 동기입니다. 확률분포 또는 확률 모형은 자료를 더 간결하고 효율적으로 나타내는 도구입니다. 그리고 정규분포는 그런 가장 대표적인 도구입니다.

중심극한정리

정규분포와 관련하여 통계학에서 가장 중요한 결과 하나를 알려드리겠습니다. 바로 **중심극한정리**central limit theorem입니다. 중심극한정리는 굉장히 중요하고 널리 사용되므로 이를 모르고 통계학을 논한다는 것 자체가 어불성설이라고 할 수 있습니다. 《확률과 통계》 교과서에는 '이항분포와 정규분포 사이의 관계'가 나오는데, 이는 중심극한정리로 설명할 수 있습니다.

복잡한 내용은 생략하고 중심극한정리를 한마디로 정의하면 '독립적으로 추출된, 충분히 큰 자료의 합이나 평균은 정규분포를 따른다'입니다. 이항분포를 예로 들면, 시행 횟수 100회, 성공률 0.5인 이항분포가 있다고 합시다. 이 분포에서 자료를 계속 추출하면 성공 횟수가 대략 50을 중심으로 30에서 70 사이의 숫자들이 주로 나오고, 이따금 20이나 80 주위의 숫자도 나오며, 10이나 90 같은 숫자는 드물게 나올 것입니다. 그런데 이항분포 자체가 성공 횟수의 합이라는 점을 감안하면 이 이항분포를 따르는 변수는 결국 정규분포를 따를 것이라고 생각할 수 있습니다. 즉, 이항분포에서 난수를 충분히 많이 추출한 다음 그 난수들의 분포를 보면 정규분포에 가까워질 것입니다. 단, 자료가 '충분히 크다'라는 가정이 있어야 하는데, 100회 정도면 성공이나 실패 확률이 아주 낮지 않은 한 충분하다고 할 수 있습니다.

다음 R 코드는 지금까지 이야기한 이항분포에서 난수를 n_sim회만큼 추출한 뒤 모은 난수를 보여줍니다. 분포를 눈여겨보기 바랍니다.

```
n_sim = 10000
y = rbinom(n_sim, 100, 0.5)
hist(y, xlab='X', ylab='mass', main='Binom(100, 0.5)', prob=T,
breaks=30)
curve(dnorm(x, 50, 5), 25, 75, add=T, lty=2, lwd=1, col='red')
```

결과는 매번 실행할 때마다 무작위로 변하기 때문에 다음과 똑같이 보이지는 않겠지만 비슷할 것입니다.

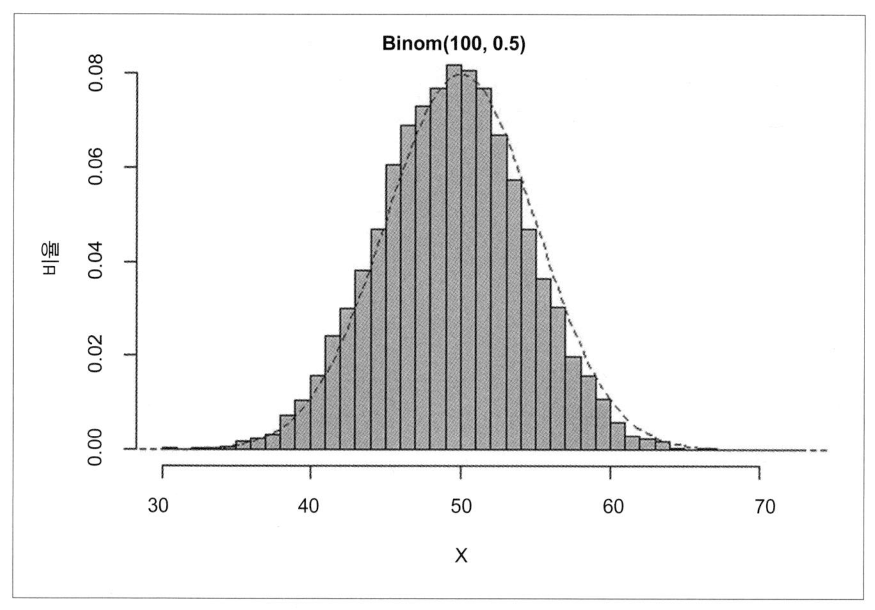

완벽하지는 않지만 추출된 이항분포 난수들의 분포는 종형 곡선에 가까운 것을 볼 수 있습니다. 빨간 점선은 이론적 종형 곡선 또는 정규분포를 의미하는데, 자료의 분포를 꽤 잘 나타내는 것을 볼 수 있습니다. 이 정규분포의 평균은 이항분포의 기댓값과 같습니다. 이항분포의 기댓값은 (시행 횟수 × 성공 확률)이므로 정규분포의 평균은 100×0.5=50입니다.

그리고 정규분포의 표준편차는 평균에 '실패'의 확률을 곱한 뒤 루트($\sqrt{\ }$)를 씌운 것과 같습니다. 여기서는 이것이 수학적으로 왜 참인지 자세히 설명하지 않겠습니다. 주목적은 성공 횟수의 합으로 정의되는 이항분포가 정규분포로 근사된다는 것을 실제로 확인하는 것이기 때문입니다. 성공률이 0.5일 때 실패 확률 역시 0.5이고 이를 평균에 곱하면 25를 얻습니다. 그리고 여기에 루트를 씌우면 제곱해서 25가 되는 숫자는 5입니다(−5도 있지만 루트를 씌울 때 음수는 제외합니다). 이것이 표준편차가 됩니다.

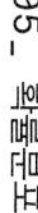

통계학에서는 지금까지 이야기한 것을 이렇게 나타냅니다. 다음 수식에서 ≅는 비슷하다 또는 근사적으로 같다를 의미합니다. n은 이항분포에서의 시행 횟수, p는 성공 확률를 말합니다.

$$\mathrm{Bin}(n, p) \cong \mathrm{N}(np, np(1\text{-}p))$$

중심극한정리가 중요한 이유는 이항분포뿐 아니라 어떤 확률변수에 대해서도 적용된다는 점 때문입니다. 물론 아주 예외인 경우도 있지만 현실에서는 그런 경우를 찾아보기 어렵습니다. 이번에는 꽤 극단적으로 생긴 자료에 대해 중심극한정리를 적용하여 그것이 성립한다는 사실을 확인해보겠습니다.

중심극한정리는 (거의) 모든 분포에 적용된다

20세 이상 성인 전체의 집단이 있다고 합시다. 이 집단의 키의 분포는 어떻게 생겼을까요? 봉우리가 하나만 있는 분포일까요? 다시 말해 하나의 대푯값을 중심으로 주로 분포할까요? 아마도 아닐 것입니다. 왜냐하면 성별에 따라 키 분포가 다르기 때문입니다. 여성 집단은 남성 집단에 비해 작은 값을 중심으로 봉우리를 형성하고 남성 집단은 자신들만의 봉우리를 형성할 것입니다. 그 모습은 아마 다음과 비슷하게 보일 것입니다. 단순화를 위해 성비는 1:1이라고 가정하겠습니다.

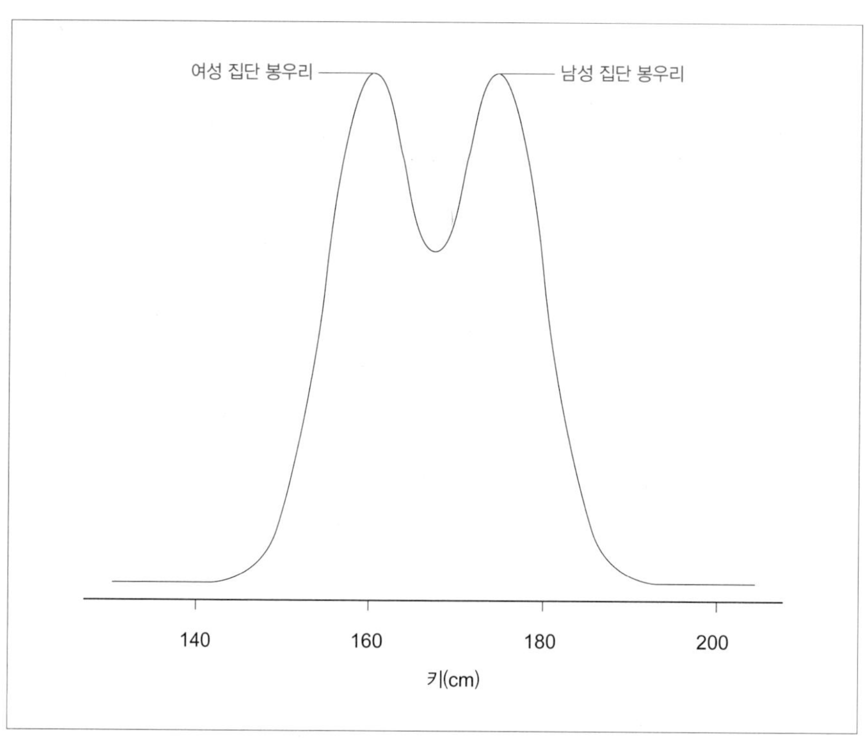

예시를 위해 봉우리가 두 개 있는 상황을 좀 과장해서 나타냈습니다. 실제 분포는 두 봉우리가 이렇게까지 두드러지게 나타나지 않을 수도 있습니다. 아무튼 이런 분포에서 자료를 뽑아 평균을 계산해도 그 평균은 정규분포를 따를까요? 중심극한정리가 성립한다면 그 답은 '예'여야 할 것입니다.

그것이 참인지 확인하겠습니다. 다음 코드는 앞과 같이 생긴 자료의 분포에서 크기가 30인 표본을 뽑아 평균을 계산하는 일을 n_sim회만큼 반복한 뒤 추출된 평균의 분포를 보여줍니다.

```
n_sim = 1000   # 시뮬레이션 횟수
n = 30  # 한 번 추출할 때 30명을 추출
means = vector(length = n_sim)  #평균들의 저장소

for (i in 1:n_sim) {
  y <- vector(length = n)  # 길이가 n인 저장소를 만든다
  for (j in 1:30) {  # 30명을 추출한다
    gender <- rbinom(1, 1, 0.5)  # 개인별로 성별을 추출한다
    if (gender == 0) {  # 추출된 성별이 여성이라면
      y[j] <- rnorm(1, 160, 5)  # 여성 집단에서 키를 추출
    }
    else {  # 추출된 성별이 남성이라면
      y[j] <- rnorm(1, 175, 5)  # 남성 집단에서 키를 추출
    }
  }
  means[i] <- mean(y)
}

hist(means, xlab = 'mean_height', ylab = 'prob', main =
'Distribution of means', prob = T)
```

이 코드를 실행해서 얻은 결과는 다음과 같습니다.

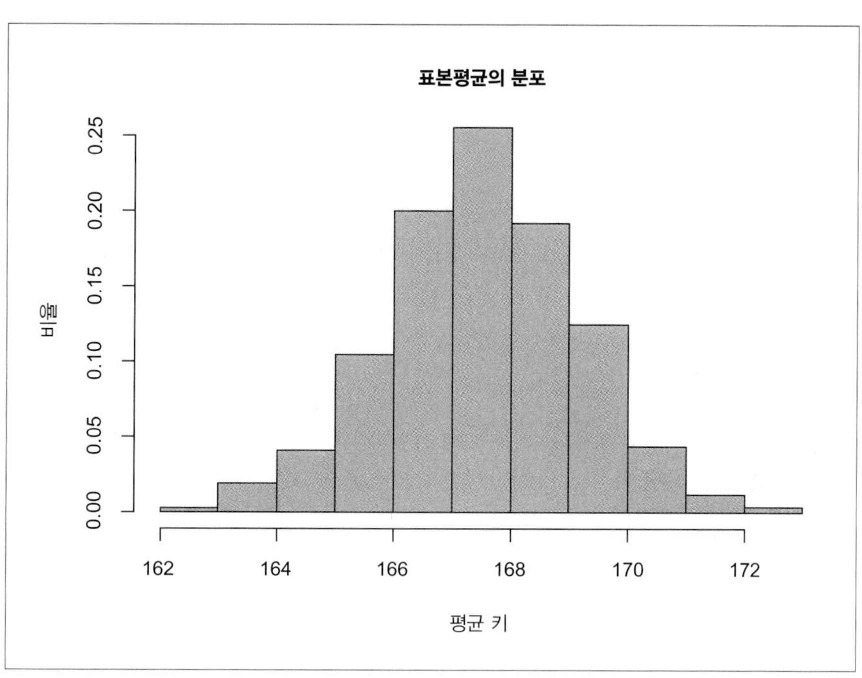

원 분포는 두 개의 '봉우리'가 있는, 두 집단이 섞인 것이었습니다. 하지만 그런 분포에서 단 30개의 표본만을 추출하여 평균을 계산하기를 반복해도 그렇게 모인 평균은 정규분포를 따른다는 것을 확인할 수 있습니다. 이보다 더 심한 상황에서도 중심극한정리는 대체로 잘 실행됩니다. 표본이 클수록 더욱 그렇습니다. 이 사실은 통계적으로 각종 과학적 가설들을 검정하는 기법들에서 흔히 사용되는데, 이는 다음 장에서 더 자세히 살펴보겠습니다.

아들/딸 역설

짧은 퀴즈 하나 낼까요? 어떤 가정에 아이가 둘이 있는데, 한 아이가 딸입니다. 다른 아이가 딸일 확률은 얼마일까요? 물론 한 명의 아이가 아들 또는 딸일 확률은 각각 50%씩입니다. 힌트가 하나 있습니다. 이 문제가 쉽게 느껴지신다면, 여러분은 아마도 문제를 잘못 풀었을 것입니다.

이 문제는 실제로 데이터분석가 면접 등에서 한 번씩 출제되곤 하는 문제입니다. 별생각 없이 풀면 '각각의 아이가 아들 또는 딸인 사건은 서로 독립이니까, 다른 한 명의 아이가 딸이냐 아들이냐에 상관없이 다른 아이도 딸일 확률은 여전히 50% 아닌가?'라고 생각하기 쉽습니다. 그런데 이건 오답입니다. 이유는 다음과 같습니다. 아이 둘을 낳으면 순서대로 다음의 네 가지 경우가 가능하고, 각각의 확률은 1/4로 모두 동일합니다.

(아들, 아들), (아들, 딸), (딸, 아들), (딸, 딸)

그런데 문제의 조건에서 '한 아이가 딸'이라고 했습니다. 그러면 이 진술에 부합하지 않는 경우는 (아들, 아들) 하나밖에 없습니다. 그러면 남은 것은 (아들, 딸), (딸, 아들), (딸, 딸)의 세 가지입니다. 그런데 한 아이가 딸일 때 다른 아이도 딸인 경우는 이 중 하나밖에 없습니다. 따라서 우리가 원하는 확률은 1/3 또는 약 33%입니다.

어떠신가요? 어이없어하는 분들이 꽤 많으실 것 같습니다. 저도 이 문제를 처음 접했을 때 비슷한 느낌을 받은 기억이 납니다. 이와 같이 확률과 통계의 세계는 온갖 역설적인 경우들로 가득 차 있습니다.

06

통계적 추정

통계적 추정이란 ● 통계적 추정의 종류 ● 모평균의 추정 ● 표본평균 시뮬레이션하기 ● 모평균에 대한 구간추정 ● R로 95% 신뢰구간의 성질 확인하기 ● 컴퓨터 시대의 무식한(?) 추정 방식

이제 이 질문을 할 때가 되었습니다. 통계학은 왜 배울까요? 골치 아픈 통계학을 배워서 대체 무엇을 하려는 것일까요? 답은 간단합니다. 우리가 관심 있는 것은 전체 집단의 특성인데, 실제로는 그중 일부에 대해서만 자료를 얻을 수 있기 때문에 통계학을 사용합니다.

통계적 추정이란

6장까지 숨가쁘게 달려왔는데, 이제 이 질문을 할 때가 되었습니다. 통계학은 왜 배울까요? 골치 아픈 그것을 배워서 대체 무엇을 하는 것일까요? 답은 간단합니다. 우리가 관심 있는 것은 전체 집단의 특성인데, 실제로는 그중 일부만 얻을 수 있기 때문입니다. '한국 성인의 키'에 관심이 있다고 할 경우 한국의 모든 성인의 키를 측정하는 것은 현실적으로 어렵습니다. 물론 집단 전체의 자료가 있다면 통계적 추론은 필요 없겠지만, 그런 행복한 상황은 극히 드뭅니다. 이런 제약 아래에서 일부 자료만으로 집단 전체에 대해 어떻게 추론해야 할지 알려주는 학문이 바로 통계학입니다.

현대에 이르러 집단 전체의 자료를 갖고 있는 것처럼 보일 때가 종종 있습니다. 실제로 많은 IT 회사(검색엔진, 온라인 상거래 웹사이트 등)가 엄청난 양의 데이터를 실시간으로 축적하고 있습니다. 데이터양은 굉장히 커서 기가바이트 수준을 초월한 지 이미 오래고 페타바이트(Petabyte: 10^{15}바이트), 제타바이트(Zetabyte: 10^{21}바이트) 같이 예전에는 들어보지도 못한 단위가 이른바 빅데이터 용량을 나타내는 용어로 사용되고 있습니다.

이 정도면 집단 전체의 자료를 갖고 있다고 할 수도 있지 않을까요? 물론 그렇게 생각할 수도 있지만 어떤 관점에서는 아니라고 할 수도 있습니다. 우리가 실제로 관측한 자료는 가능한 모든 자료 중 단 하나일 뿐이라고 생각할 수 있습니다. 평행세계의 비유를 들면 이해하기 쉬울 것입니다. 그리고 지금까지 모은 자료는 앞으로 모을 자료를 감안하면 일부에 지나지 않습니다. 그런데도 자료의 크기가 크다는 이유만으로 집단 전체라고 할 수 있을까요?

부족한 표본에 기초하여 통계적 추론을 해야 하는 경우는 여전히 많습니다. 선거 여론조사의 경우 응답하지 않는 경우가 많으므로 1000명의 표본을 모으는 것도 쉬운 일이 아닙니다. 응답률이 10%일 때 1000명의 표본을 모으려면 약 1만 명에게 전화를 해야 합니다. 사람이 일일이 전화를 걸어야 하기 때문에 비용이 많이 드는 어려운 작업입니다(조사원의 감정노동은 별개로 하더라도요). 하지만 이렇게 어렵게 수집한 1000명의 표본으로도 정밀한 예측을 하기란 쉽지 않습니다. 이런 상황에서 올바른 통계적 추론 방법을 사용하는 것은 매우 중요합니다.

이제 본격적으로 통계적 추론의 기초에 대해 알아봅시다. 앞에서 했던 모든 이야기는 이를 위한 준비 작업이었다고 해도 과언이 아닙니다. 그런 의미에서 통계학은 확률론을 현실에 본격적으로 응용하는 실용 학문이라고 할 수 있습니다.

통계적 추정의 종류

통계학에서는 모집단population과 표본sample을 구분합니다. 먼저 모집단은 앞서 여러 차례 언급한 우리가 관심을 갖고 있는 집단 전체를 말합니다. 이를테면 '대한민국의 모든 국민', '어떤 신약을 투여받은 모든 환자'를 생각할 수 있습니다. 하지만 모집단이 실제로 존재하는 어떤 집단일 필요는 없습니다. 가상의 집단이어도 상관없습니다. 실제로 투여받은 사람들뿐 아니라 앞으로 투여받을 모든 사람을 의미하는 '신약을 투여받은 환자'처럼 말입니다.

표본은 모집단의 일부를 의미합니다. 대개 우리가 말하는 표본은 **임의표본**random sample입니다. 임의표본은 모집단의 모든 구성원에게 표본에 포함될 기회를 똑같이 주고 추출한 표본을 말합니다. 그리고 특정 단위가 선택될 확률은 다른 단위가 선택될 확률과 독립적입니다. 즉, 하나가 뽑혔다고 해서 다른 하나가 뽑힐 확률이 높아지는 것이 아닙니다. 이를 통계학에서는 **독립적이면서도 동일하게 분포된**independent and identically distributed이라고 표현합니다. 줄여서 iid라고도 부르는데, 앞으로 이 용어를 가끔 사용할 것입니다.

표본을 얻었다면 그것을 바탕으로 모집단에 대해 추정을 해야 합니다. 그렇지 않으면 표본을 모은 의미가 없겠죠? 그 과정에서 흔히 사용되는 통계적 추론 방식에는 크게 **점추정**point estimation과 **구간추정**interval estimation이 있습니다. 점추정은 관심을 갖고 있는 숫자, 이를테면 모집단의 평균, 비율 등을 하나의 숫자로 '찍는' 것을 말합니다. 모집단의 수치에는 앞에 '모'를 붙여서 표현하고 **모수치**parameter라고 부릅니다. 그래서 모집단의 평균은 '모평균', 모집단의 비율은 '모비율'이라고 합니다. 이처럼 표본집단의 평균도 '표본평균', 비율은 '표본비율'이라고 합니다.

직관적으로 모집단의 값을 하나로 찍는다면 그것은 표본에서 얻은 같은 종류의 값을 사용하는 것이 자연스럽습니다. 표본평균은 모평균을 점추정할 때 쓰는 가장 흔한 추정치입니다. '20대 한국 여성'이라는 모집단의 키 평균에 대해 추정할 때 100명의 표본을 추출하여 키의 표본평균을 계산한 다음 그것을 모평균에 대한 추정치로 사용합니다. 마찬가지로 표본비율은 모비율에 대한 추정치, 표본표준편차는 모표준편차에 대한 추정치입니다.

모집단에서 임의표본을 추출한다는 것은 각각의 단위에 뽑힐 기회를 무작위로 준다는 뜻입니다. 따라서 추출할 때마다 표본이 달라지고 표본평균이나 표본비율도 달라질 것입니다. 이런 현상을 통계학에서는 **표집오차**sampling error라고 부릅니다. 표집오차로 인해 표본평균, 표본비율 등은 모수치와 일치하지 않는 경우가 대부분입니다. 그러나 그 일치하지 않는 정도는 어떤 범위 내로 정해져 있습니다. 그 정도를 통계학에서는 **표준오차**standard error라고 부릅니다. 표본 크기가 일정할 때 표준오차가 작은 추정 방식일수록 좋은 추정 방식입니다.

표준오차를 알고 있으면 구간추정을 할 수 있습니다. 하나의 숫자로 '찍는' 점추정과 달리 구간추정은 모수치가 대략 어디에서 어디 사이에 있을 것이라고 예상하게 해줍니다. 선거에서 특정 후보의 지지율이 단순히 40%라고 하지 않고 38.5%에서 41.5% 사이에 있다고 하는 것과 같은 이치입니다. 구간추정은 하나의 숫자만 전달하는 점추정과 달리 불확실성의 정도도 함께 전달하므로 더 바람직할 때가 많습니다. 미디어에서 '신뢰구간' 또는 '신뢰도'라는 말을 할 때는 보통 구간추정을 했다는 뜻입니다.

모평균의 추정

앞서 말했듯이 표본평균은 모평균에 대해 즐겨 사용하는 점추정치로 여러 가지 좋은 성질을 갖고 있습니다.

첫째, **불편성**unbiasedness입니다. 모집단에서 추출을 계속하면서 표본평균을 계산하면 그 기댓값은 모평균과 일치합니다. 예로 들었던 '20대 한국 여성'이라는 모집단을 생각하면 그 키의 평균은 이미 정해져 있을 것입니다. 물론 우리는 그 숫자가 얼마인지 정확히 알지 못합니다. 이제 모집단에서 임의로 100명의 표본을 추출하여 평균을 계산하는 일을 반복한다고 합시다. 100명의 평균을 계산한 다음에는 그들을 모집단으로 돌려보냅니다. **복원추출** 방식이죠? 이 작업을 1000번 반복한다고 할 때 1000개의 평균을 얻을 것입니다. 그리고 그 값들의 평균도 계산할 수 있을 것입니다. 그러면 우리가 얻는 것은 **평균들의 평균**mean of means입니다. 조금 복잡하지만 가능한 작업입니다.

여기서 불편성이라는 것은, 이렇게 평균을 한없이 모으면 그 값들의 평균, 즉 **평균들의 평균**은 결국 모평균과 일치한다는 것을 가리킵니다. 다시 말해 표본평균은 단일표본에서는 모평균과 일치하지 않더라도 '평균적으로는' 모평균과 일치하는 값입니다. 이는 표본평균을 모평균에 대한 추정치로 사용할 때 모평균에 비해 작거나 큰 값으로 치우치는 경향이 없다는 것을 보장해줍니다. 이런 추정치를 편향되지 않았다는 의미에서 **불편추정치**unbiased estimator라고 부릅니다. 반면 음이나 양의 방향으로 치우치는 경향이 있는 추정치를 **편의추정치**biased estimator라고 합니다.

둘째, **최소분산**minimum variance입니다. 표본평균 말고도 모평균에 대해 불편추정치는 얼마든지 만들 수도 있습니다. 자료를 많이 모았다고 하더라도 그중 첫 번째 값만 떼어 모평균에 대한 추정치로 사용할 수 있습니다. 그러면 그 기댓값이나 평균은 모평균과 같을 수 있습니다. 그러나 이런 방식은 표본평균에 비해 변동성이 훨씬 큽니다. 그 이유를 엄밀히 따지려면 수학적으로 증명해야 하지만, 여기서는 자료 수가 적으면 정보의 양도 적다는 정도로만 설명하겠습니다. 사실 표본평균은 모평균에 대한 불편추정치 중 변동성이 가장 작습니다. 일반적으로 모평균에 가장 가깝다는 말입니다. 이것이 '최소분산'의 의미인데, 여기서 '분산'은 변동성을 측정하는 단위의 하나라고 이해하면 됩니다. 불편성과 최소분산이라는 성질 덕분에 표본평균은 모평균을 추정하는 좋은 추정치입니다.

표본평균 시뮬레이션하기

표본평균의 계산과정을 시뮬레이션해봅시다. 불편성은 직접 시뮬레이션을 해보지 않으면 쉽게 이해하기 힘듭니다. 지금부터는 모집단이 특정 자료가 아니라 확률분포라고 가정하겠습니다. 사실 확률분포는 자료가 무한히 많은 모집단처럼 간주하기도 합니다. 평균이 170이고 표준편차가 15인 확률분포, 즉 $N(170, 15^2)$을 모집단으로 여기겠습니다. 어떤 가상집단의 키의 분포라고 생각해도 좋습니다. 이 모집단에서 표본평균을 추출하는 작업을 반복하겠습니다. 다음 R 코드는 이 '모집단'에서 100명의 '사람'을 추출한 뒤 키의 평균을 계산하고 저장하기를 반복하는 것입니다.

```
# 난수생성기 시드 고정
set.seed(1234)
# 표본평균 개수
n_sim = 10000

# 각 표본의 크기
sample_size = 100
means = c()

# 정규분포에서 표집 후 평균을 저장
for (i in 1:n_sim) {
  data = rnorm(sample_size, 170, 15)
  means = c(means, mean(data))
}

# 표본평균의 분포
hist(means, xlab='X', ylab='N', main='', prob=T, breaks=50)
curve(dnorm(x, 170, 15 / sqrt(sample_size)), 160, 180, add=T,
lty=2, lwd=2, col='red')
```

이번 시뮬레이션부터는 결과를 여러분도 똑같이 재현할 수 있게 하기 위해 set.seed( ) 명령어를 사용했습니다. 이 명령어는 난수를 생성할 때 사용하는 '씨앗seed'을 고정함으로써 시뮬레이션을 할 때마다 똑같은 결과가 나오게 해줍니다. 여기서는 그 '씨앗'을 편의상 1234로 했는데, 여러분은 다른 숫자를 사용해도 됩니다. 하지만 1234라는 숫자를 사용해야 다음의 그래프를 똑같이 확인할 수 있습니다. 마지막 두 줄은 표본평균의 분포를 그래프로 그려줍니다.

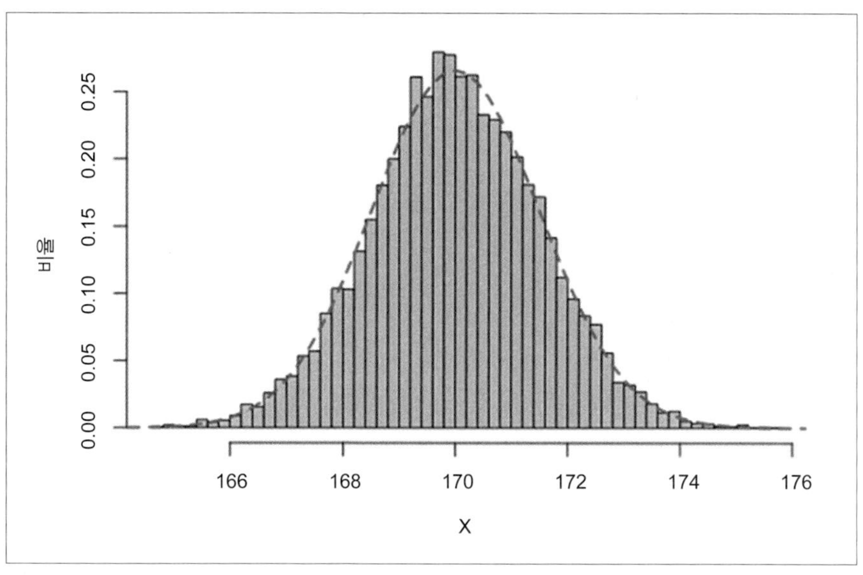

완벽하지는 않지만 표본평균의 분포는 대충 종형 곡선에 가까운 것을 볼 수 있습니다. 이것은 5장에서 설명했던 표본평균의 분포는 정규분포를 따른다는 '중심극한정리'의 결과입니다. 빨간 선은 표본평균이 따라야 할 이론적 정규분포곡선인데, 자료의 실제 분포와 대략 일치합니다. 시뮬레이션 횟수를 더 늘리면 곡선이 실제 자료에 점점 더 잘 들어맞는 것을 확인할 수 있습니다. 통계학에서는 이를 '핏fit이 좋아진다'라고 표현하기도 합니다.

이 분포의 표준편차는 모집단의 표준편차인 15를 표본크기인 100의 제곱근, 즉 10으로 나눈 것과 같습니다. 일반적으로 표본평균의 표준편차는 모집단의 표준편차에 비해 '표본크기의 제곱근'의 역수배만큼 작습니다. 이렇게 계산하면 1.5라는 값을 얻는데, 정확히 말하면 이것은 모집단의 표준편차가 아니라 반복적 표집을 통해 얻은 표본평균의 표준편차입니다. 그런 의미에서 표준편차와 구별하기 위해 1.5를 '표준오차'라고 부릅니다. 참고로 여기서는 모표준편차를 안다고 가정했지만, 실질적으로는 모표준편차를 모르기 때문에 다른 방식으로 추정한 뒤 그것을 대신 사용합니다.

그런데 앞서 표본평균은 모평균에 대한 불편추정치라고 했습니다. 이것이 사실이라면 표본평균의 평균은 모평균에 (무작위로 인해 약간의 오차는 있을 수 있지만) 매우 가까워야 합니다. 다음 결과를 보면 이것이 사실임을 확인할 수 있습니다. 표본평균의 평균은 모평균과 거의 일치합니다.

```
> mean(means)
[1] 170.0066
```

그리고 정규분포는 매우 유용한 성질을 갖고 있다고 했는데, 바로 평균에서 ± (2 × 표준편차)[1] 영역 안에 95%가량의 자료가 포함된다는 것입니다. 정확히 말하면 표본평균의 경우에는 (2 × 표준편차)가 아니라 (2 × 표준오차)라고 할 수 있겠죠. 이제 이것도 참인지 알아보겠습니다. 다음 코드는 앞에서 추출한 표본평균 중 모평균 ± (2 × 표준오차) 안에 들어오는 것의 개수를 계산해줍니다.

....

1 좀더 정확히는 1.96이라고 할 수 있습니다. 그러나 2가 기억하기 더 편할뿐더러 차이도 유의미하게 나지 않습니다.

```
> se = 15 / sqrt(sample_size)
> means_within_2se = (means > 170 - 2*se) & (means < 170 + 2*se)
> sum(means_within_2se)
[1] 9514
```

첫 줄의 se는 표준오차를 뜻하는 standard error의 약자이고 통계학에서 즐겨 사용합니다. 앞서 말했던 것처럼 표준오차는 모집단의 표준편차인 15를 표본크기의 제곱근인 10으로 나눈 값으로 15 / sqrt(sample_size)는 이를 의미합니다. 이어서 두 번째 줄에서는 표본평균이 170 ± (2 × 표준오차) 안에 포함되는지 여부를 각각 알아본 뒤 그 결과를 means_within_2se 변수에 저장합니다. 여기서 연산자 &는 프로그래밍에서 논리연산자logical operator라고 부르는 것입니다. 구체적으로는 앞의 조건과 뒤의 조건이 모두 만족되면 '옳음TRUE', 그렇지 않고 하나라도 틀리면 '틀림FALSE'이라는 값을 반환합니다. 이를 각각의 표본평균에 대해 적용한 뒤 TRUE 또는 FALSE를 저장합니다. 1만 개의 표본평균을 계산했으므로 총 1만 개의 TRUE 또는 FALSE가 means_within_2se에 저장됩니다.

이제 TRUE가 몇 개인지 계산하면 됩니다. 그러면 (2 × 표준오차) 안에 위치하는 표본평균의 개수를 알 수 있습니다. 그런데 컴퓨터 프로그래밍에서 TRUE는 숫자 1, FALSE는 숫자 0과 같이 취급합니다. 따라서 means_within_2se의 합을 취하면 이는 숫자 1인 개수를 세는 것과 같습니다. 즉, 이 값은 (2 × 표준오차) 안에 들어오는 표본평균의 개수와 같습니다. 이것이 세 번째 줄의 의미입니다. 그 결과는 9514로 총 1만 회의 시뮬레이션 중

95.14%가 (2 × 표준오차) 안에 포함되는 것을 확인했습니다. 우리가 아는 95%라는 값과 대략 일치합니다.

지금까지 표본평균의 생성과정을 시뮬레이션하고 그 분포를 만들어보았습니다. 여기서 중심극한정리가 적용된다는 것, 다시 말해 표본평균의 모임은 정규분포를 따른다는 것을 확인했고 표본평균이 불편추정치라는 것도 확인했습니다. 중심극한정리 덕에 모평균에 대해 구간추정을 하는 것도 가능합니다.

모평균에 대한 구간추정

지금까지는 표본평균이 정규분포를 따른다는 것을 수학적 증명 없이 시뮬레이션만을 사용하여 확인했습니다. 이것을 통계학의 언어로 좀 더 형식적으로 표현하면 이렇습니다. 자료가 평균이 m, 표준편차가 s인 어떤 분포를 따른다고 합시다. 앞에서는 편의상 정규분포의 예를 들었지만 사실 이 분포는 정규분포일 필요가 전혀 없습니다. 그러면 이 분포에서 크기 n인 표본을 추출하여 표본평균을 구하는 일을 반복할 때 n이 커짐에 따라 표본평균은 근사적으로 다음의 정규분포를 따른다는 것이 알려져 있습니다.

$$N\left(m, \frac{s^2}{n}\right)$$

식에 따르면 표본평균의 분산, 즉 (s^2/n)은 자료의 크기에 반비례하여 작아집니다. 이 사실을 활용하면 다음이 성립한다는 것을 알 수 있습니다. 지금부터 표본평균을 알파벳 X 위에 가로 막대가 하나 있는 것, 즉 $\bar{X}$('X bar'라고 함)라고 표기하겠습니다.

$$\mathrm{P}\left(m - 2 \times \frac{s}{\sqrt{n}} < \bar{X} < m + 2 \times \frac{s}{\sqrt{n}}\right) \cong 0.95 \quad \cdots(1)$$

앞의 수식은 **표본평균이 모평균으로부터 ± (2 × 표준오차) 안에 있을 확률은 95%이다**를 수학적으로 표현한 것입니다. 그런데 괄호 안의 부등식을 잘 살펴보면 재미있는 사실을 알 수 있습니다. 이 부등식은 두 부분으로 구성되어 있는데, 첫 번째 부분인

$$m - 2 \times \frac{s}{\sqrt{n}} < \bar{X}$$

에서 m 이하를 우변으로 넘기면 다음을 얻습니다.

$$m < \bar{X} + 2 \times \frac{s}{\sqrt{n}} \quad \cdots(2)$$

이와 같은 방식으로 두 번째 부등식인 $\bar{X} < m + 2 \times \frac{s}{\sqrt{n}}$에서 $2 \times \frac{s}{\sqrt{n}}$를 좌변으로 넘기면 다음을 얻습니다.

$$\bar{X} - 2 \times \frac{s}{\sqrt{n}} < m \quad \cdots(3)$$

(2)와 (3)을 합쳐서 다음과 같이 쓸 수도 있습니다.

$$\bar{X} - 2 \times \frac{s}{\sqrt{n}} < m < \bar{X} + 2 \times \frac{s}{\sqrt{n}} \quad \cdots(4)$$

마지막으로 (1)에서 좌변의 P( ) 부분의 괄호 안을 (4)로 대체하면 다음을 얻습니다.

$$\mathrm{P}\left(\bar{X} - 2 \times \frac{s}{\sqrt{n}} < m < \bar{X} + 2 \times \frac{s}{\sqrt{n}}\right) \cong 0.95$$

여기서 '무작위'인 것, 즉 표본을 추출할 때마다 달라지는 것은 모평균인 m이 아니라 표본평균임을 눈여겨보기 바랍니다. 앞의 식은 앞서 언급한 평균이 m이고 표준편차가 s인 모집단에 표본평균을 계속 모으면 그중 95%에서 m은 표본평균에서 (2 × 표준오차) 안에 들어온다는 의미입니다. 이제 신뢰구간을 설명할 준비가 되었습니다. 앞에서 **표본평균 ± (2 × 표준오차)**는 **모평균**에 대한 95% 신뢰구간이라고 합니다. 이 용어를 써서 다시 말하면, 모집단에서 계속 표집을 하면서 95% 신뢰구간을 만들면 그중 95%가 모평균을 포함합니다.

R로 95% 신뢰구간의 성질 확인하기

자, 그럼 95% 신뢰구간 공식이 실행되는 것을 확인하겠습니다. 앞에서 쓴 코드를 조금만 수정하면 됩니다. 시뮬레이션 코드는 다음과 같습니다.

```
# 난수생성기 시드 고정
set.seed(1235)

# 표본평균 개수
n_sim = 10000
# 각 표본의 크기
sample_size = 100
m = 170
s = 15
se = s / sqrt(sample_size)
X_bar_in_CI = c()

# 정규분포에서 표집 후 평균을 저장
for (i in 1:n_sim) {
  data = rnorm(sample_size, m, s)
  X_bar = mean(data)
  if ((X_bar - 2*se < m) & (X_bar + 2*se > m)) {
    X_bar_in_CI = c(X_bar_in_CI, TRUE)
  }
  else {
    X_bar_in_CI = c(X_bar_in_CI, FALSE)
  }
}

# 신뢰구간 안에 모평균이 포함된 비율
mean(X_bar_in_CI)
```

앞에서 본 코드와 달라진 점은 다음과 같습니다.

- 모평균 m과 모표준편차 s를 변수로 만들어서 앞으로 뺐습니다. 이런 코딩 습관을 들이면 나중에 숫자를 바꾸어 실행할 일이 있을 때 훨씬 편리합니다. 표준오차인 se도 미리 계산하는 것으로 바꾸었습니다. 앞에서처럼 모표준편차를 표본크기의 제곱근으로 나누어 주면 됩니다.
- 모평균이 신뢰구간 안에 있는지 판단하는 부분이 for( )문 안에 포함되었습니다. 코드에서는 ((X_bar - 2*se < m) & (X_bar + 2*se > m))이 이에 해당됩니다. 두 조건이 '&'로 묶여 있기 때문에 이 둘이 모두 만족되어야 TRUE가 되고 하나라도 틀리면 FALSE가 됩니다. 수식을 보면 알겠지만 'TRUE'는 모평균 m이 신뢰구간 안에 있다는 것을 의미합니다.
- 마지막 줄에서는 n_sim회의 시뮬레이션에서 얻은 TRUE와 FALSE가 기록된 벡터, 즉 X_bar_in_CI의 평균을 구하고 있습니다. 이미 언급했다시피 0과 1 또는 TRUE와 FALSE만으로 이루어진 자료는 표본평균을 구하면 그것이 바로 TRUE인 것의 비율이 됩니다. 여기서도 같은 원리를 적용하여 신뢰구간 안에 모평균이 있는지 없는지를 TRUE와 FALSE로 기록한 자료의 평균을 계산하면 그것이 곧 모평균을 포함하는 비율입니다.

이렇게 코드를 작성하고 실행하면 다음과 같은 결과를 얻습니다. 물론 맨 처음에 set.seed( ) 부분에서 괄호 안에 들어가는 숫자를 바꾸거나 애초에 set.seed( )를 실행하지 않았다면 다른 결과가 나올 것입니다.

```
> mean(X_bar_in_CI)
[1] 0.9499
```

기대했던 95%, 즉 0.95에 매우 가까운 숫자가 나왔습니다. 이는 우리가 작성한 신뢰구간, 즉 (X_bar - 2*se, X_bar + 2*se)가 실제로 95%의 경우에 모평균을 포함한다는 것을 확인해주는 결과입니다. 다시 한 번 강조하지만 이는 반복 시행을 전제로 하는 수치입니다. 개별 신뢰구간은 모평균을 포함하거나 포함하지 않거나 둘 중 하나일 뿐 확률적 진술을 할 수 없는데, 그런 진술을 하는 것은 신뢰구간을 해석할 때 흔히 범하는 오류입니다.

마지막으로 신뢰구간의 사용에 대한 몇 가지 팁을 알아보겠습니다.

- 지금까지 이야기한 모평균에 대한 95% 신뢰구간은 표본평균에 대해 대칭입니다. 따라서 양 끝 값을 더한 뒤 2로 나누면 표본평균이 얼마인지 바로 알 수 있습니다.
- 신뢰도(앞에서 말한 95% 같은 것)가 높아질수록 신뢰구간의 길이는 길어집니다. 높은 확률로 모평균을 잡아내려면 신뢰구간을 넓게 잡아야 그 안에 떨어질 확률이 높아질 것입니다. 보다 큰 잠자리채를 휘두를수록 채 안에 잠자리가 들어오기 쉬운 것과 마찬가지 이치입니다. 이를테면 95% 신뢰구간보다는 99% 신뢰구간이 더 넓습니다. 하지만 신뢰구간의 길이가 길수록 신뢰구간 자체의 유용성은 떨어집니다. 20대 여성의 키 평균이 155센티미터 이상 165센티미터 이하라고 하는 것은 어느 정도 정보로서의 가치가 있지만 100센티미터 이상 200센티

미터 이하라고 말하는 것은 거의 정보 가치가 없습니다. 하지만 후자는 거의 모든 경우 20대 여성의 키에 대한 모평균을 확실히 잡아낼 것입니다. 이것이 실용적으로 무슨 쓸모가 있을까요? 이는 신뢰도가 높다고 해서 꼭 좋은 것이 아님을 의미합니다.

- 이와 관련하여 같은 신뢰도로 추정할 때 표본크기가 커질수록 신뢰구간의 길이는 짧아집니다. 수학적으로 신뢰구간의 길이는 표준오차에 비례합니다. 모평균에 대한 95% 신뢰구간의 경우 대략 (4 × 표준오차) 정도 됩니다(그 이유가 궁금하다면 앞의 정의를 보고 직접 계산해보기 바랍니다). 그런데 표준오차 자체가 모표준편차를 $\sqrt{n}$으로 나눈 것이고 n이 커질수록 표준오차가 작아지기 때문에 결국 신뢰구간의 길이도 짧아집니다. 직관적으로는 표본크기를 늘릴수록 신뢰구간의 길이가 짧아지기 때문에 더 '정밀한' 구간추정을 할 수 있습니다. 하지만 늘 그렇듯 표본크기를 늘리는 것은 결국 돈과 그 밖의 사원 문제이기 때문에 적당한 선에서 타협할 수밖에 없습니다.

컴퓨터 시대의 무식한(?) 추정 방식

지금까지 고등학교 교과서에 나오는 점추정, 구간추정 방법을 R 코드를 통한 실습을 통해 알아보았습니다. 그런데 하나 중요한 사실이 있습니다. 우리가 구간추정을 할 수 있었던 것은 중심극한정리라는 강력한 정리가 있었기 때문입니다. 그 결과 신뢰구간을 구할 때 간단한 몇 가지 계산만으로도 특정 신뢰도의 신뢰구간을 만들 수 있었고 시뮬레이션을 해본 결과는 이론적 결과와 거의 완벽히 일치했습니다.

그런데 이런 방식을 항상 사용할 수 있을까요? 만약 우리가 추정하고자 하는 값이 정규분포, 아니 알려진 그 어떤 확률분포도 따르지 않는다면 어떻게 할까요? 이럴 때는 중심극한정리를 사용할 수 없습니다. 그런데도 모수치를 추정하는 방법이 있을까요? 당연히 있습니다. 그중 하나가 다음 장에서 살펴볼 '부트스트랩'입니다. 이 기법은 현대에 와서 매우 강력해진 컴퓨터 시뮬레이션의 힘을 빌려 수학 공식 없이도 무식한(?) 컴퓨터의 힘으로 추정을 밀어붙이는 방법입니다. 워낙 강력하여 우리가 아는 대부분의 통계적 추정 문제에 대해 적용할 수 있습니다. 다음 장에서 부트스트랩에 대해 알아보겠습니다.

예측정확도의 역설

이번에 이야기할 주제는 확률이나 통계 분야에서 널리 알려진 진짜 '역설'은 아니지만 생각해볼 만한 지점이 있는 문제입니다. 바로 데이터과학 및 기계학습 등에서 이야기하는 '예측정확도(predictive accuracy)'에 관한 이야기입니다. 이를테면 어떤 기업에서 질병 진단 인공지능 알고리즘을 개발했는데 예측정확도가 99%에 달한다고 합시다. 그러면 이 알고리즘은 좋은 알고리즘일까요? 여러분이 만약 여윳돈을 좀 갖고 있다면, 이 회사의 주식을 사야 할까요? 정답은 '그때그때 달라요'입니다. 왜 그런지 지금부터 생각을 좀 해봅시다.

여기서 문제는 정확도를 어떻게 정의할 것이냐 하는 것입니다. 알기 쉽게, 질병이 있는 사람은 있다고 분류하고, 없는 사람은 없다고 분류한 비율을 정확도라고 칩시다. 얼핏 보기에는 별문제 없어 보이는 정확도입니다. 그런데 여기서 문제가 생깁니다. 우리가 진단하려고 하는 병이 사실 꽤 희귀한 병이어서, 전 인구의 0.5%만이 갖고 있는 질병이라고 해봅시다. 이런 상황에서 예측정확도 99%를 달성했다는 것은 무슨 뜻일까요? 극단적인 경우, 질병이 없는 99.5%의 사람들 중 99%를 '질병 없음'으로 분류하고, 나머지 질병이 없는 0.5%와 질병이 있는 0.5%를 잘못 분류해도 이 분류기는 '정확도 99%'를 달성하게 될 것입니다. 더 심한 경우를 생각해볼까요? 어떤 인공지능 분류 알고리즘은 사실 기업에서 만든 사기 제품입니다. 이 분류기가 하는 것은 환자에 대한 어떤 정보가 들어오든 몽땅 다 '질병 없음'으로 분류하는 것입니다. 정보처리가 전혀 필요 없죠. 이 분류기의 정확도는 어떻게 될까요? 99.5%의 질병 없는 사람들을 음성으로, 나머지 0.5%의 질병 있는 사람들도 음성으로 분류하여 결과적으로 99.5%의 예측정확도를 보일 것입니다. 이런 것을 언론에 홍보해도 사실 엄밀히 말해 틀린 것은 아닙니다. 다만 우리가 흔히 생각하는 '정확도'의 정의가 이 상황에서 별 쓸모 없는 것일 뿐입니다.

일반적으로, 어떤 인공지능 알고리즘이 있을 때 그것이 좋냐 나쁘냐 하는 것은 정확도의 절대적 수치만 놓고 판단하지 않습니다. 비슷한 작업을 수행하는 다른 도구들, 이를테면 사람이나 다른 유형의 분류 알고리즘과 비교해야 합니다. 그리고 정확도를 정의하는 방법도 위와는 다른 방식으로 해야 합니다. 예를 들어 기계학습 분야에는 'F1 점수' 라는 것이 있는데, 이것은 위에서 말한 음성과 양성에 대한 진단 결과 모두를 감안한 점수를 산출해줍니다(자세한 수식은 생략하겠습니다). 이런 방식으로 앞서 말한 '예측정확도'의 맹점을 보완할 수 있습니다.

굳이 사기를 치지 않더라도, 있는 자료를 보여주는 방식만 잘 바꾸어도 사람들을 속이는 것은 가능합니다. 사실 이런 유형의 기만은 데이터 시각화에서 자주 등장합니다. 예를 들어 세로축을 임의로 자른다거나, 도표 축 간격을 일정하지 않게 한다거나 하는 것들 말이죠. 하지만 숫자 자체도 예쁘게 꾸미려면 못할 것은 아닙니다. 세상에는 이런 것을 이용하여 사람들을 현혹해서 돈을 벌려는 사람이나 기업들이 존재하는데, 이런 것들까지 신경 쓰며 살아야 한다니 역시 사는 건 만만치 않은 일인 것 같습니다.

07

부트스트랩

컴퓨터 시대의 통계학 ● 부트스트랩의 원리 ● 부트스트랩으로 모평균 추정하기 ● 부트스트랩으로 모표준편차 추정하기 ● 통계적 가설검정 ● 부트스트랩 신뢰구간을 활용한 가설검정 ● 다시 컴퓨터 시대의 통계학

시간이 흐르고 시대가 바뀌었습니다. 예전에 비하면 엄청나게 진보된 계산 성능을 지닌 컴퓨터가 웬만한 계산이나 시뮬레이션은 눈 깜빡할 사이에 전부 처리합니다. 그렇다면 수학 공식을 쓰지 않고 지금까지 했던 통계 계산들을 컴퓨터에게 일임할 수 있지 않을까요?

컴퓨터 시대의 통계학

지금까지 살펴본 이야기는 컴퓨터로 계산할 수 있는 것이지만 수학적 유도의 비중이 상당히 높았습니다. 이런 통계적 추론 방식에는 큰 장점이 있습니다. 공식에 숫자만 집어넣으면 결과가 바로 산출된다는 것, 계산 비용(시간, 장비 등)이 적게 든다는 것입니다. 심지어 계산기만 있으면 손으로도 할 수 있습니다. 이런 것들은 컴퓨터가 없던 과거의 유산입니다. 그 옛날 신뢰구간을 구하는 일은 사람이 해야 하는 것이었을 테고, 그때 이미 계산된 간편한 공식이 있다는 점은 큰 편리함으로 다가왔을 것입니다.

시간이 흐르고 시대가 바뀌었습니다. 이제는 예전에 비하면 엄청나게 진보된 계산 성능을 지닌 컴퓨터가 집집마다 비치되어 있습니다. 웬만한 계산이나 시뮬레이션은 지금까지 살펴보았던 것처럼 컴퓨터에 맡기면 눈 깜빡할 사이에 전부 처리됩니다. 그렇다면 수학 공식을 쓰지 않고 지금까지

했던 통계 계산들을 컴퓨터에게 일임할 수 있지 않을까요? 물론 가능합니다. 현대의 통계학자들은 진보된 계산 기술을 받아들여 기존의 수학 공식을 이용한 방식이 잘 통하지 않는 경우에도 폭넓게 적용할 수 있는 보다 강력한 추론 기법을 만들었습니다. 이 장에서 소개할 **부트스트랩**bootstrap이 바로 그것입니다. 부트스트랩을 활용하면 앞에서 살펴보았던 신뢰구간 공식이든 뭐든 전혀 사용하지 않고 컴퓨터 시뮬레이션만으로도 평균을 추정하고 신뢰구간을 만들 수 있습니다. 놀랍지 않습니까? 약간의 코딩만 배우면 여러분도 쉽게 할 수 있습니다.

그러면 이 흑마법 같은 기술, 부트스트랩에 대해 좀 더 알아보도록 하겠습니다. 일반적으로 고등학교 '확률과 통계' 단원에서는 다루지 않는 내용이지만 이제 여러분은 프로그래밍 언어를 사용할 줄 알기 때문에 할 수 있습니다. 심지어 그리 어렵지 않다는 사실도 이 장을 마칠 때쯤이면 알게 될 것입니다. 부트스트랩은 현대 통계학에서 매우 중요한 기법이기 때문에 이 장의 내용을 이해한다면 통계학에 대해 안다고 자부해도 좋을 것입니다.

부트스트랩의 원리

원래 신발에 달린 고리 같은 것을 말하는 'bootstrap'은 붙잡고 혼자 일어선다는 뜻의 'bootstrapping'(부트스트랩하다)에서 생겨났고, 점차 '남의 도움을 받지 않고 스스로의 힘으로 무엇인가를 하다'라는 뜻으로 사용되었습니다. 또한 컴퓨터과학, 통계학 등의 분야에 포함되면서 보다 기술적인 의미를 갖게 되었습니다. 여기서는 주로 통계학적 의미에 대해 이야기하겠습니다.

앞에서는 우리가 관심을 갖고 있는 모집단, 이를테면 '20대 한국 남성'은 그 전수 자료에 대해 접근할 수 없기 때문에 표본을 추출하여 그것으로부터 통계적 추정을 한다고 했습니다. 그리고 모집단에 대한 특정 가정하에서 표본을 계속 추출한다고 했을 때 실제로 관측한 표본이 그중 어느 위치에 있는지 생각했죠. 그런데 발상을 전환하여 우리가 갖고 있는 표본 자체가 일종의 모집단인 것처럼 여길 수는 없을까요? 이 가정을 받아들인다면 그 가상의 모집단에서 계속 표본을 추출하여 평균을 계산하고 그것들을 모아 분포를 만들 수 있을 것입니다. 이것은 반복적 표집을 통해 수행할 수 있고, 따라서 컴퓨터로 쉽게 할 수 있는 작업입니다. 이것을 **부트스트랩 방식**이라고 합니다. 통계학자들이 연구한 결과 부트스트랩 방식은 꽤 정확한 추정치를 산출합니다.

부트스트랩에는 중요한 장점이 있습니다. 추정에 필요한 수학 공식을 모르거나 애초에 존재하지 않아도 관심이 있는 대상, 즉 평균이나 중앙값(상위 50%에 해당하는 값) 등에 대한 분포를 만들고 신뢰구간도 만들 수 있습니다. 이미 언급한 시뮬레이션 방식으로 말이죠. 표본평균의 경우 표본평균이 중심극한정리에 의해 근사적으로 정규분포를 따른다는 점을 이용하여 95% 신뢰구간을 만들 때 '표본평균 ± (2 × 표준오차)'라는 공식을 사용했습니다. 그러나 이런 방식은 중심극한정리가 적용되지 않는 대상, 또는 구간추정 공식을 모르는 대상에 대해서는 적용할 수 없습니다. 이때 부트스트랩 방식을 이용하면 신뢰구간을 간편하게 얻을 수 있습니다.

지금부터 R 언어에 내장된 데이터세트를 이용하여 부트스트랩 방식을 실습해보겠습니다. 자료는 통계학에서 가장 많이 사용된 데이터 중 하나라고 해도 과언이 아닌 붓꽃iris입니다. 이 자료는 지난 1936년 현대 통계학을 정립하는 데 지대한 공헌을 한 로널드 피셔Ronald A. Fisher가 소개한 이래 100년 가까이 수많은 사람이 사용해왔고, 지금도 R 언어에서 별도의 설치 없이 바로 사용할 수 있습니다. 또한 이 자료는 기계학습이라는 분야에서도 즐겨 사용합니다. 너무 많이 사용된 나머지 악명이 생겼을 정도죠.

본격적으로 실습을 하기에 앞서 데이터를 먼저 살펴봅시다. 크게 어려울 것 없이 바로 R 콘솔에서 iris를 입력하고 엔터를 치면 다음과 같이 자료가 죽 뜹니다. 전체 자료를 구경하고 싶은 분들은 이렇게 해도 됩니다. 하지만 보통은 처음 대여섯 개 정도의 데이터만 보면서 데이터에 대한 감을 익히기도 합니다.

콘솔 창에서 head(iris)라고 실행하면 다음과 같이 출력됩니다. 더 자세한 것은 다음 단락에서 알아보겠습니다.

```
> head(iris)
  Sepal.Length Sepal.Width Petal.Length Petal.Width Species
1          5.1         3.5          1.4         0.2  setosa
2          4.9         3.0          1.4         0.2  setosa
3          4.7         3.2          1.3         0.2  setosa
4          4.6         3.1          1.5         0.2  setosa
5          5.0         3.6          1.4         0.2  setosa
6          5.4         3.9          1.7         0.4  setosa
```

부트스트랩으로 모평균 추정하기

이미 살펴본 바와 같이 iris 데이터세트에는 총 다섯 가지 변수가 있습니다. 150개의 꽃을 대상으로 각각 꽃잎petal과 꽃받침sepal의 길이length 및 너비width를 측정하고 꽃의 종species도 기록한 자료입니다. 종은 versicolor, virginica, setosa 세 가지가 있고, 각각 50개씩의 데이터가 있어서 총 150개입니다. 큰 자료를 흔히 볼 수 있는 현대의 사정에 비추어보면 꽤 작은 데이터이지만, 여전히 각종 실습을 할 때 이른바 '장난감 예제toy example'로 유용하게 사용됩니다.

여기서는 setosa종의 꽃잎 길이의 모평균에 대해 점추정과 구간추정을 해보겠습니다. 꽃잎 길이의 변수는 데이터세트에 `Petal.Length`라는 이름으로 저장되어 있습니다. 추정 공식을 사용하면 모평균에 대한 점추정치는 표본평균과 같고 구간추정치는 이것에 (2 × 표준오차)를 더하거나 뺀 것으로 만들 수 있습니다. 이 예제에서는 $\sqrt{50}$으로 나눈 것과 같습니다.

다만 한 가지 주의할 점이 있습니다. 앞에서 보았던 예제에서는 모집단의 표준편차를 정확히 안다고 가정했는데, 지금은 setosa종의 모표준편차를 안다고 할 수 없습니다. 그러므로 여기서는 표본에서 추정한 표준편차를 사용할 것입니다. 그렇게 하면 정규분포 추정 공식을 바로 적용할 수 없고 정규분포를 근사하는 분포인 t분포를 사용해야 합니다.

하지만 t분포는 표본크기가 충분히 크면 정규분포에 가까워지고 이 예제에서의 관심사는 t분포가 아니기 때문에 정규분포 추정 공식을 사용하겠습니다. 정규분포 관련 내용을 모두 다루고 나면 t분포를 사용하여 제대로 추정하는 방법에 대해 알아보겠습니다.

먼저 setosa종의 자료만 따로 추출해야 합니다. R에서 이것을 실행하는 명령어는 subset( )입니다. 다음을 실행하면 setosa종의 자료만 추출되어 변수 y에 저장됩니다.

```
y = subset(iris, Species == 'setosa')$Petal.Length
```

▶ 미국 달러 표시($)는 데이터에서 특정 변수, 즉 Petal.Length라는 변수의 값만 뽑아서 저장하겠다는 의미입니다.

이 명령어는 iris라는 자료에서 Species의 값이 setosa인 것만 추출한 부분집합subset을 만들어 그 결과의 꽃잎 길이들을 y라는 변수에 저장하겠다는 뜻입니다. 이제 y를 불러보면 다음과 같이 Petal.Length의 50개의 숫자가 저장된 것을 알 수 있습니다.

```
> y
 [1] 1.4 1.4 1.3 1.5 1.4 1.7 1.4 1.5 1.4 1.5 1.5 1.6 1.4 1.1 1.2
[16] 1.5 1.3 1.4 1.7 1.5 1.7 1.5 1.0 1.7 1.9 1.6 1.6 1.5 1.4 1.6
[31] 1.6 1.5 1.5 1.4 1.5 1.2 1.3 1.4 1.3 1.5 1.3 1.3 1.3 1.6 1.9
[46] 1.4 1.6 1.4 1.5 1.4
```

이 값들의 표본평균을 구하는 일은 쉽습니다. 다음은 모평균에 대한 점추정치입니다.

```
> mean(y)
[1] 1.462
```

다음으로 95% 신뢰구간을 만들어보겠습니다. 그러려면 표준편차를 먼저 구해야 합니다. R은 통계 언어이기 때문에 당연히 이를 위한 명령어가 내장되어 있습니다. 영어로 표준편차는 standard deviation인데, 앞 글자들만 따서 sd( )로 표기합니다.

```
> sd(y)
[1] 0.173664
```

이제 이 값을 당분간 모표준편차처럼 쓰기로 합시다. 그리고 표준오차를 구하고 신뢰구간을 만들려면 다음과 같이 하면 됩니다.

```
n = length(y)
ci_lower = mean(y) - 2*sd(y) / sqrt(n)
ci_upper = mean(y) + 2*sd(y) / sqrt(n)
print(c(ci_lower, ci_upper))
```

length라는 명령어가 등장했는데, 이는 자료의 크기를 계산하는 명령어입니다. 각 종의 자료가 50개씩 있다고 했으므로 n이라는 변수에는 setosa종의 자료 크기인 50이 저장됩니다. 이 값으로 표준오차인 2*sd(y)/sqrt(n)를 계산하고 이를 표본평균에서 빼거나 더하면 95% 신뢰구간의 상한과 하한을 얻을 수 있습니다. ci_lower는 95% 신뢰구간의 하한, ci_upper는 상한을 의미합니다. 마지막 줄을 실행하면 다음을 확인할 수 있습니다.

```
[1] 1.41288 1.51112
```

이제 모평균에 대한 구간추정 공식을 모른다고 치고 부트스트랩 방식으로 추정해보겠습니다. 부트스트랩은 가상의 모집단인 표본에서 반복 추출을 하는 방식이기 때문에 이를 위한 시뮬레이션 코드를 작성해야 합니다. 그 코드는 다음과 같습니다.

```
n_sim = 10000
means = c()
for (i in 1:n_sim) {
  bs_sample = sample(y, length(y), replace=T)
  sample_mean = mean(bs_sample)
  means = c(means, sample_mean)
}
```

이 코드는 n_sim회만큼 시뮬레이션을 하고 그 결과를 means라는 벡터에 저장합니다. 여기서는 sample( ) 명령어가 핵심입니다. 이 명령어는 첫 번째 입력값인 y로부터 무작위로 표본추출을 하는데, 그 표본크기는 두 번째 입력값과 같습니다. 그런데 부트스트랩에서 중요한 것은 원 자료에서 표본을 추출할 때 정확히 같은 크기만큼 추출해야 한다는 점입니다. 그래서 표본크기는 y 자신의 크기, 즉 length(y)로 설정했습니다. 세 번째 입력값인 replace=T도 필수입니다. 이것이 의미하는 바는 추출할 때 '복원추출'을 하라는 것입니다. 복원추출도 부트스트랩에서 필수인데, 이것은 한 번 뽑혔던 값이 다시 뽑힐 수 있도록 하라는 것입니다. 그렇게 하지 않으면 자신과 같은 크기의 표본을 뽑을 때마다 항상 동일한 표본만 뽑겠죠. 이렇게 표본 자신에서 복원추출을 통해 만든 새로운 표본, 또는 '부트스트랩 표본'의 평균을 구하여 sample_mean이라는 변수에 임시로 저장하고 이를 means라는 벡터에 다시 붙입니다. 이렇게 하기를 n_sim회만큼 반복하면 means에는 n_sim개의 부트스트랩 표본의 평균이 저장됩니다.

이제 means를 이용하여 신뢰구간을 만들 수 있습니다. 95% 신뢰구간은 값들을 정렬했을 때 가운데의 95%에 해당하는 값들의 범위를 의미하므로 상하위 2.5%에 해당하는 값들을 찾으면 그것들이 바로 신뢰구간의 상한·하한이 됩니다. 간단하죠? R에서 이것을 해주는 명령어는 quantile( )입니다. 이 명령어는 자료를 작은 것부터 큰 것 순으로 나열했을 때 주어진 비율에 해당하는 값이 무엇인지 알려줍니다. 다음 명령어에서 quantile(means, .025)가 의미하는 것은 means라는 자료에서 하위 2.5%에 해당하는 값이고, quantile(means, .975)가 의미하는 것은 하위 97.5% 또는 상위 2.5%에 해당하는 값입니다.

```
c(quantile(means, .025), quantile(means, .975))
```

이것을 실행하면 다음과 같은 결과를 볼 수 있습니다. 시뮬레이션을 할 때 무작위 샘플링을 했기 때문에 여러분이 보는 결과는 이것과는 조금 다를 수 있으나 값은 대략 비슷할 것입니다.

```
 2.5% 97.5%
1.414 1.510
```

신기하게도 앞에서 공식으로 구했던 95% 신뢰구간인 [1.41, 1.51]과 거의 일치함을 알 수 있습니다. 하지만 부트스트랩 방식에서는 수학 공식을 전혀 사용하지 않고 오로지 컴퓨터와 시뮬레이션의 힘만을 사용하여 추정했습니다. 이것이 부트스트랩의 진정한 힘인데, 통계나 수학 지식이 많지 않은 경우, 또는 그런 것을 알더라도 구간추정 공식을 유도하기 힘든 복잡한 경우에 쉽게 적용할 수 있습니다.

끝으로 *t*분포에 대해 간략히 살펴보고 이 단락을 마치겠습니다. *t*분포는 표준정규분포와 매우 비슷합니다. 종형 모양에 가깝고 0에 대해 대칭적이지만 분포 끝부분에 더 많은 자료가 흩어져 있다는 특성이 있습니다. 이를 이른바 **두꺼운 꼬리**fat tail라고 합니다. 이 꼬리의 두께는 **자유도**degree of freedom에 의해 결정되고 정규분포가 평균과 표준편차 두 개의 값으로 결정되는 것과는 달리 t분포는 자유도만으로 결정됩니다. 자유도는 낮을수록 꼬리가 두꺼

워지고 높을수록 얇아져 자유도가 커질수록 t분포는 결국 표준정규분포에 가까워집니다.

*t*분포의 자유도는 표본크기에서 1을 뺀 것, 즉 (n-1)과 같습니다. 이것을 사용하여 다시 95% 구간추정을 해보겠습니다. 이제 표준정규분포의 95% 상한·하한 대신 *t*분포의 상한·하한을 사용할 것입니다. R에서는 *t*분포의 95% 상한·하한을 구하기 위해 qt( ) 명령어를 사용할 수 있습니다. R에서는 분포 이름 앞에 q가 붙으면 분포에서 특정 비율에 해당하는 값을 반환하는 것이라고 생각하면 됩니다. 다음 명령어는 이런 방식으로 *t*분포를 사용하여 95% 신뢰구간을 구합니다.

```
> c(mean(y) + qt(.025, df = n-1)*sd(y) / sqrt(n), mean(y) +
qt(.975, df = n-1)*sd(y) / sqrt(n))
[1] 1.412645 1.511355
```

df는 자유도의 약자입니다. 앞에서 정규분포 공식을 사용하든 부트스트랩 방식을 사용하든 비슷한 결과가 나온다는 사실을 확인했습니다. 더 자세한 설명은 이 책의 범위를 벗어나기 때문에 생략하겠습니다. 여기서는 *t*분포는 모표준편차를 모를 때 표준정규분포 대신 사용하는, 일종의 근사라고 생각해도 충분합니다.

부트스트랩으로 모표준편차 추정하기

이번에는 추정 공식을 아직 모르는 대상에 대해 구간추정을 해보겠습니다. 바로 모표준편차입니다. 모표준편차에는 구간추정 공식이 있지만 먼저 부트스트랩을 활용한 방법이 얼마나 강력한지 살펴보고 나중에 알아보도록 하겠습니다. 요령은 모평균을 추정할 때와 동일합니다. 복원추출로 원 표본과 같은 크기의 표본을 계속 만들면서 표본표준편차를 계산하고 그것들을 모아 구간추정을 하는 것입니다. 앞에서 명령어를 조금만 바꾸면 다음과 같이 충분히 쉽게 할 수 있습니다.

```
n_sim = 10000
sds = c()
for (i in 1:n_sim) {
  bs_sample = sample(y, length(y), replace=T)
  sample_sd = sd(bs_sample)
  sds = c(sds, sample_sd)
}
c(quantile(sds, .025), quantile(sds, .975))
```

앞에서 모평균을 추정할 때와 코드 자체는 거의 변한 것이 없고 이름과 일부 함수만 달라졌다는 데 주목하기 바랍니다. 가장 중요한 변화는 mean(bs_sample)이 sd(bs_sample)로 바뀌었다는 것입니다. 평균 대신 표준편차를 추정하려는 것이기 때문입니다. 그 밖에는 모두 똑같습니다. 갖고 있는 표본을 일종의 가상적 모집단처럼 간주하고 원 표본과 같은 크기의 표본을 복원추출로 반복적으로 추출하여 우리가 관심 있는 수치인 표본표준편차를 계산하고 저장하기를 반복합니다. 그러고 나서 2.5%와 97.5%에 해당하는 숫자들을 추출하면 그것이 바로 95% '부트스트랩' 신뢰구간이 되는 것입니다. 이를 시행한 결과는 다음과 같습니다.

```
     2.5%     97.5%
0.1297564 0.2109676
```

여러분의 결과는 앞의 결과와 조금씩 다를 수 있습니다.

이제 구간추정 공식을 이용한 결과를 살펴보겠습니다. 모표준편차에 대한 구간추정 공식의 이론적 배경은 이 책의 범위를 벗어나기 때문에 생략하겠습니다.

```
> sqrt(var(y)*(n-1) / qchisq(.975, n-1))
[1] 0.1450674

> sqrt(var(y)*(n-1) / qchisq(.025, n-1))
[1] 0.2164085
```

부트스트랩으로 구한 결과와는 조금 차이가 있지만 그렇게 크지 않음을 확인할 수 있습니다. 이는 각종 수학적 가정과 표본크기 등의 문제 때문인데, 이에 대해서는 자세히 설명하지 않겠습니다. 중요한 것은 구간추정법을 모르는 대상도 점추정법만 알면 복원추출을 통해 구간추정을 할 수 있다는 점이고, 이는 부트스트랩 방법의 묘미입니다.

통계적 가설검정

이 장을 끝내기 전에, 그리고 이 책을 마치기 전에 중요한 주제 하나를 이야기하겠습니다. 바로 **통계적 가설검정**statistical hypothesis testing입니다. 가설검정은 통계학에서 매우 중요하지만 고등학교 교과 과정에는 아쉽게도 없습니다. 이것까지 다루면 지금의 《확률과 통계》 교과서에 비해 훨씬 길어질 것이고 내용도 이해하기 쉽지 않을 것이기 때문입니다. 하지만 이 책은 지금까지 가설검정을 이야기하기 위한 주제들을 간접적으로나마 다루었기 때문에 이 중요한 주제를 간략히 살펴보는 것이 앞으로 통계학을 본격적으로 공부할 분들을 위해 좋을 것 같습니다.

과학자들은 통계적 가설검정을 매일같이 활용합니다. 새로 개발한 코로나19 백신이 효과가 있는지 알고 싶다고 합시다. 물론 효과가 있어야 정부에서 승인할 것이고 전 세계 사람들에게 백신을 보급할 수 있을 것입니다. 이를 입증하려면 백신을 접종한 사람들과 그렇지 않은 사람들(대개 '통제군' 또는 '대조군'이라고 합니다)을 비교했을 때 전자에서 유의미하게 병에 걸릴 확률이 낮아야 합니다. 이때 사용하는 기법이 통계적 가설검정입니다.

그 과정을 좀 더 구체적으로 이야기하면 이렇습니다. 두 집단에서 발병 자료를 수집하고 질병 발생률에 차이가 없다고 가정했을 때(백신의 효과가 없다고 가정했을 때) 일반적으로 관측될 만한 자료인지 아닌지를 봅니다. 만약 수집된 자료가 백신이 효과가 없다는 가정하에 관측되기 매우 힘든 결과라면, 다시 말해 백신을 맞은 집단에서 통제군에 비해 질병 발생률이 훨씬 낮다면 원래의 가정, 즉 '백신이 효과가 없다'라는 주장을 기각하고 효과가 있다는 결론을 내립니다. 그렇지 않고 자료가 두 집단 사이에 차이가 없다고 가정했을 때도 충분히 그럴듯하면 백신의 효과가 없다는 주장을 기각하지 못합니다. 이 판단에 사용되는 기준, 즉 백신이 효과가 없다는 가정하에 자료가 얼마나 그럴듯하지 않아야 원래의 가정을 뒤집을 수 있느냐 하는 기준은 꽤 엄격하게 설정해야 백신의 효과를 보장할 수 있을 것입니다.

약간 이상함을 느꼈다면 바로 이해한 것입니다. 통계적 가설검정에서는 '효과가 있다', '차이가 있다' 등의 주장을 직접 입증하는 것이 아니라 그런 효과나 차이가 없다는 주장을 반박하는 방식으로 과학적 주장을 간접적으로 입증하는 방식을 취합니다. 여기서 '……가 없다'는 주장, 즉 과학자가 자료를 통해 기각하려는 주장을 통계학에서는 **영가설**null hypothesis이라고 부릅니다. 또는 **귀무가설**이라고도 합니다. 통상 영가설을 기각하면 '차이가 있다' 또는 '효과가 있다' 등의 가설이 입증된 것으로 봅니다.

영가설을 기각하기 위한 통계학에서 사용하는 일반적인 도구는 **p값**p-value이지만 이 책에서는 설명을 생략하겠습니다. 대신 지금까지 살펴본 신뢰구간을 바탕으로 이야기할 것입니다. 가설검정에서 p값을 사용하든 신뢰구간을 사용하든 똑같은 결과가 나온다는 것을 수학적으로 증명할 수 있습니다.

그러면 이미 살펴본 모평균에 대한 추정 사례를 이어서 이야기해봅시다. 앞서 setosa종의 `Petal.Length`의 모평균에 대한 추정치가 95% 신뢰도에서 [1.41, 1.51]이라는 것을 확인했습니다. 그런데 뒤집어 생각해보면 이 신뢰구간은 이 구간 밖에 있는 값은 별로 그럴듯하지 않다고 이야기하는 것과 같습니다. `Petal.Length`의 모평균이 1.3이라는 주장은 이 신뢰구간에 비추어 생각해볼 때 별로 그럴듯하지 않아 보입니다. 따라서 우리는 모평균이 1.3이라는 '가설'을 기각할 수 있습니다. 이때 모평균이 1.3이라는 주장이 바로 영가설입니다. 이와 같이 영가설은 모집단의 값이 정확히 어떤 값과 같다고 하는 것입니다.

그런데 신뢰구간의 성질에서 알 수 있는 사실이 있습니다. 자료가 정말 영가설이 참인 상황에서 만들어졌다면, 즉 모평균이 1.3인 상황에서 만들어졌다면 그런 자료에서 만들어진 신뢰구간은 95% 확률로 1.3을 포함할 것입니다. 뒤집어 생각하면 5%의 확률로 모평균이 1.3이라도 신뢰구간이 1.3을 포함하지 않는 상황이 발생합니다. 신뢰구간을 가설검정에 활용한다면 이런 상황에서 모평균이 1.3이라는 영가설이 실제로는 옳은데도 불구하고 5%의 확률로 그릇되게 기각할 것입니다.

통계학에서는 이렇게 영가설이 옳은데도 자료의 생성과정에 개입되는 우연성 때문에 영가설이 잘못 기각되는 상황을 **1종 오류**Type I error라고 부릅니다. 그리고 방금 확인했듯이, 1종 오류의 확률은 가설검정에 사용되는 신뢰구간의 신뢰도를 100%에서 뺀 것과 같습니다. 가설검정에 사용하는 신뢰구간의 신뢰도가 95%가 아니라 99%라면 1종 오류의 확률은 1%가 될 것입니다.

부트스트랩 신뢰구간을 활용한 가설검정

부트스트랩과 신뢰구간을 활용하여 가설검정을 하는 실제 사례를 살펴보겠습니다. 앞서 언급한 붓꽃 데이터세트에서 versicolor종과 virginica종의 Petal.Length 모평균 사이에 차이가 있는지 검정해봅시다. 이를 입증하기 위해 실제로 관측된 두 종의 Petal.Length 자료가 영가설하에서, 다시 말해 두 종의 꽃잎 길이의 모평균이 같은 상황에서 그럴듯한지 판단하는 것입니다. 만약 답이 '그렇지 않다'면 영가설을 기각하고 모평균이 다르다는 결론을 낼 수 있습니다.

이제 이 아이디어를 어떻게 프로그래밍으로 구현할 것인지 알아보겠습니다. 두 종의 Petal.Length의 모평균이 같다면 두 종에서 각각 표본을 뽑아 계산한 표본평균들 간의 차이도 대체로 0에 가까울 것입니다. 그리고 이를 반복적으로 해서 모평균의 자이에 대한 신뢰구산을 어떻게든 만들면 대부분의 신뢰구간은 0을 포함할 것입니다. 문제는 모평균의 차이에 대한 신뢰구간을 만드는 방법이나 수학 공식에 대해 전혀 이야기하지 않았다는 것입니다. 하지만 상관없습니다. 부트스트랩을 통해 극복할 수 있기 때문입니다. 두 종의 자료에서 각각 원래 표본과 같은 크기의 표본을 복원추출하고 표본평균을 각각 계산한 뒤 그 차이를 모을 것입니다. 그리고 그로부터 신뢰구간을 작성하고 0이 그 구간 안에 포함되는지 볼 것입니다. 다음은 지금까지 이야기한 아이디어를 실제로 구현한 R 코드입니다.

```
x = subset(iris, Species == 'virginica')$Petal.Length
```

```
y = subset(iris, Species == 'versicolor')$Petal.Length
n_sim = 10000
difs = c()

for (i in 1:n_sim) {
  bs_virginica = sample(x, length(x), replace=T)
  bs_setosa = sample(y, length(y), replace=T)
  mean_dif = mean(bs_virginica) - mean(bs_setosa)
  difs = c(difs, mean_dif)
}
c(quantile(difs, .025), quantile(difs, .975))
```

x와 y에는 각각 versicolor종과 virginica종의 Petal.Length 자료를 저장했습니다. for문 안에서는 이 자료에서 각각 부트스트랩 표본들을 추출한 뒤 평균 차이를 mean_dif에 저장하고 이를 다시 difs라는 벡터에 붙입니다. 이것을 n_sim회만큼 반복하면 difs에는 표본평균의 차이들이 n_sim개만큼 저장됩니다. 이 시뮬레이션이 끝나면 difs에서 상위·하위 2.5%에 해당하는 값들을 추출하여 신뢰구간을 작성합니다. 그 결과는 다음과 같습니다.

```
 2.5% 97.5%
1.098 1.494
```

즉, 모평균의 차이에 대한 95% 부트스트랩 신뢰구간은 대략 [1.10,

1.49]입니다. 그리고 이 신뢰구간은 0을 포함하지 않기 때문에 두 종의 Petal.Length의 모평균이 같다는 영가설을 95% 신뢰수준에서 기각할 수 있습니다. 물론 여기서 95%라는 숫자는 분석가가 원하는 대로 바꿀 수 있습니다. 예를 들어 다음 명령어를 입력해보면 99% 신뢰수준에서도 기각할 수 있음을 알 수 있습니다.

```
c(quantile(difs, .005), quantile(difs, .995))
```

이와 같이 부트스트랩 방식을 사용하면 통계적 가설검정을 특별한 수학 공식 없이도 자유롭게 수행할 수 있습니다. 관심 있는 분은 모평균뿐 아니라 모분산, 모표준편차, 모중앙값 등 다양한 수치에 부트스트랩 방식을 적용하여 연습해보기 바랍니다.

다시 컴퓨터 시대의 통계학

지금까지 부트스트랩 방식을 이용하여 통계적 추론, 주로 구간추정을 하는 방법에 대해 살펴보았습니다. 거듭 언급하지만 이 방식의 가장 큰 장점은 통계적 추정에 필요한 각종 공식을 유도하거나 암기할 필요 없이 컴퓨터의 계산 능력으로 무식하게(?), 하지만 매우 광범위한 문제를 해결할 수 있다는 것입니다. 강력한 컴퓨터가 없던 시절에는 수학 공식에 의존할 수밖에 없었고 가능하기만 하다면 그 방법은 컴퓨터 시뮬레이션을 하는 것에 비해 훨씬 빠르기에 굳이 기피할 이유가 없습니다. 그러나 컴퓨터의 계산 능력이 좋아지면 좋아질수록 그 속도 차이는 점점 무시할만해질 것입니다. 미래에 양자 컴퓨터가 실제로 등장한다면 실생활에서 접할 수 있는 웬만한 자료는 부트스트랩 방식으로도 거의 찰나에 분석할 수 있을지도 모릅니다.

이미 통계학, 나아가 데이터분석 일반에서는 컴퓨터 프로그래밍과 이른바 **계산적 접근**computational approach이 각광받는 추세입니다. 여기서 계산이라는 말은 컴퓨터를 사용한다는 것을 의미합니다. 물론 수학 공식 등을 사용하는 것이 계산이 아닌 것은 아니지만 일종의 관습적 표현이라고 생각해도 좋을 듯합니다. 그래서 통계학이나 데이터분석에서 코딩이 강조되는 정도가 예전에 비해 비약적으로 높아졌습니다. 날이 갈수록 일상에서의 문제를 해결하는 데 학문 간 경계는 무너지고 서로의 힘을 합쳐 더 나은 방법을 찾는 경향이 각광받고 있습니다. 앞으로 이런 경향은 날이 갈수록 심화될 것입니다.

이 책에서 R과 코딩을 강조한 것도 사실 이런 측면이 중요하게 작용했습니다. 통계적 아이디어 자체의 이해에도 코딩이 도움이 되지만 이 책에 그치지 않고 통계학과 데이터분석을 더 깊이 공부하려는 분에게는 프로그래밍 관련 훈련이 큰 도움이 될 것입니다.

확률의 세계와 인간의 편향

마음이 어떻게 외부 정보를 처리하는지를 연구하는 학문을 '인지심리학cognitive psychology'이라고 부릅니다. 인지심리학의 주된 연구대상 중 하나는 인간이 확률을 어떻게 처리하는가 하는 것입니다. 확률이라는 게 대단한 것 같지만 사실 따지고 보면 별게 아닙니다. 어떤 말이 그럴듯하다고 생각하느냐, 어떤 진술이 참이라는 것을 얼마나 믿느냐 하는 것도 확률의 렌즈로 바라볼 수 있습니다. 사실 확률을 아예 '믿음의 정도degree of belief'로 정의하는 통계학 유파가 따로 존재하기도 합니다. 이를 '베이즈 통계Bayesian statistics'라 부릅니다. 여기서 이에 대해 자세하게 이야기하지는 않겠지만, 아무튼 인간의 인지과정과 확률 사이에는 밀접한 관계가 있습니다.

심리학 연구에서 일관적으로 발견되는 것은 사람들이 확률 판단을 포함하여 논리적 오류를 흔히 저지른다는 것입니다. 이를 '인지적 편향cognitive bias'이라 부릅니다. 인지적 편향 중 대표 격인 '확증편향confirmation bias'이라는 말은 10년 전쯤까지만 해도 그리 대중적인 말이 아니었는데, 요즘에는 누구나 사용하는 말이 됐습니다. 주로 자신과 생각이 다른 사람들을 공격하는 데 쓰이는 것 같다는 게 옥에 티이긴 하지만요. 아무튼 확률에 관련된 인지적 편향으로는 '결합오류conjunction fallacy'라는 게 있습니다. 긴말할 것 없이 먼저 다음 묘사를 읽어봅시다.

> 김수진 씨는 31세의 여성으로, 서울 소재 4년제 상위권 대학을 졸업하고 현재 IT기업에서 근무하고 있다. 소득은 그리 많지는 않지만 동년배들에 비하면 꽤 괜찮은 편이다. 수진 씨는 현재 독신이며 각종 진보 의제에 관심이 많다. 진보 정당의 당원으로 가입해 있으며, 가끔 집회 현장에 직접 나가기도 한다. 몇 해 전 있었던 강남역 살인사건 당시에도 수진 씨는 집회 현장에서 목소리를 높였다.

이제 질문입니다. 다음의 둘 중 무엇이 더 가능성이 높다고 생각하십니까?

① 수진 씨는 사무직이다.

② 수진 씨는 사무직이면서 페미니스트이다.

사실 정답은 정해져 있습니다. 심지어 김수진 씨에 대한 그 어떤 추가 정보 없이도 말입니다. 답은 ①입니다. 왜냐하면 ②를 만족하면 반드시 ①도 만족하지만, ①을 만족한다고 해서 ②를 만족한다는 보장은 없기 때문입니다. 다시 말해 ①을 만족하는 가상적인 김수진의 집합이 ②를 만족하는 가상적인 김수진의 집합을 포함한다는 것입니다. 따라서 ①의 확률이 무조건 더 ②의 확률과 같거나 더 높게 되어 있습니다. 이는 논리적으로 참입니다.

그런데 이 문제를 사람들에게 주면 ②를 고르는 사람이 꽤 많습니다. 글에서 묘사된 김수진 씨의 모습이 ①보다는 ②에 더 '가까워' 보이기 때문입니다. 이를 심리학에서는 '대표성 어림법representativeness heuristic'이라 부릅니다. 사람들은 어떤 사건의 확률을 평가할 때, 그 사건이 얼마나 대표성이 있는지에 기반을 둔다는 것입니다. 실제로 그 사건이 얼마나 그럴듯한지가 아니라 말이죠. 그러니까 ②가 ①에 비해 김수진 씨를 더 잘 대표한다고 생각한다는 것입니다.

이와 같이 사람들이 확률 관련 추론을 할 때 각종 논리적 오류를 흔히 저지른다는 것은 인지심리학 분야에서 매우 잘 알려져 있는 이야기입니다. 수학자가 몬티 홀 문제에서 오류를 저질렀다는 일화도 있었죠. 역시 애초부터 확률은 사람이 이해하기에는 너무 난해한 대상인지도 모르겠습니다.

08

통계학의 지도

통계학에 좀 더 관심 있는 분들을 위해 ● 통계학 공부의 '테크트리' ● 통계학의 분야들 ● 데이터과학과 통계학

지금까지 R이라는 프로그래밍 언어를 사용하여 기초 확률과 통계, 부트스트랩이라는 다소 고급 기술까지 살펴보았습니다. 통계학이라는 학문은 여기서 끝나는 것이 아닙니다. 지금까지 알아본 것은 맛보기였고, 이 장에서는 통계학에 대해 좀 더 관심 있는 분들을 위해 도움이 될 만한 이야기를 하겠습니다.

통계학에 좀 더 관심 있는 분들을 위해

지금까지 R이라는 프로그래밍 언어를 사용하여 기초 확률과 통계, 부트스트랩이라는 다소 고급 기술까지 살펴보았습니다. 어떤가요? 통계학이 그리 어려운 것만은 아니라는 생각이 드나요? 부디 그랬기를 바랍니다. 혹시 그렇지 않다고 하더라도 실망하기에는 이릅니다. 통계학이 그리 녹록치 않은 학문이기 때문입니다. 그러므로 이해가 잘 되지 않는 부분이 있다면 처음으로 돌아가 다시 찬찬히 읽어볼 것을 권합니다. 요즘은 인터넷에도 관련 자료가 많으므로 참고해서 함께 보아도 좋을 것 같습니다.

하지만 통계학이라는 학문은 여기서 끝나는 것이 아닙니다. 지금까지 알아본 것은 맛보기였고, 이 장에서는 통계학에 대해 좀 더 관심 있는 분들을 위해 도움이 될 만한 이야기를 하겠습니다. 즉 통계학을 보다 깊이 이해하려면 어떤 준비를 해야 하는지, 어떤 세부 주제가 기다리고 있는지 알아보겠습니다. 공부할 거리가 무궁무진하게 남아 있으니 찬찬히 살펴보기 바랍니다.

통계학 공부의 '테크트리'

뭔가 '마음을 다잡고' 공부하려는 사람들이 흔히 맞닥뜨리는 난관은 어디서부터 어떻게 시작해야 할지 모르겠다는 막연함일 것입니다. 그렇기에 여기서는 통계학을 좀 더 깊이 있게 공부하려면 무엇을 어떻게 준비하고 시작해야 하는지 짧게 이야기하려고 합니다.

통계학을 배우는 이유는 전공자가 아닌 이상 실전 데이터분석에 사용하기 위한 것이지 이론적으로 깊은 이해를 쌓기 위한 것은 아닐 것입니다. 그러므로 통계학에 입문할 때 처음부터 전공자를 위한 책으로 접하게 되면 자칫 흥미를 잃을 수도 있습니다. 전공자가 아니라면 쉬운 책으로 입문하는 것이 바람직합니다. 사회과학 분야의 통계학 또는 '연구방법론' 관련 서적이 입문서로 알맞으므로 이 분야의 책으로 시작하는 것도 한 방법입니다. 하지만 그런 책들 중에도 수학적인 측면을 강조하는 책이 간혹 있으므로 수학적으로 깊은 이해를 원하지 않는다면 주의를 기울여야 합니다. 이런 이유로 입문서를 선택할 때는 되도록 오프라인 서점에서 책을 직접 보고 고르는 것을 추천합니다.

통계학을 배우려면 수학적 기초를 얼마나 닦아야 하는지 궁금해하는 분들도 있을 것입니다. 통계학을 진지하게, 전공자 수준으로 이론부터 단단하게 다지고 싶다면 수학적 기초가 꽤 필요합니다. 고등학교 자연계열 수준의 수학은 물론이고 대학 1학년 수준 미적분학과 '행렬'을 다루는 데 필요한 **선형대수학**linear algebra까지는 알아야 합니다. 그러나 대부분 입문 수준에서는 고등학교 인문계열 수준의 수학 정도면 충분합니다. 물론 그것을 잘 이해한다는 전제하에서 말이죠.

통계학 입문서에서 자주 쓰는 수학적 개념은 제곱근, 수열과 그 합(Σ 기호), 간단한 미적분 기호 정도입니다(미적분에 대해서는 자세히 알 필요는 없고 그런 것이 있는 정도만 이해하면 큰 문제는 없습니다). 친절하다면 책에서 충분히 다 설명해줄 것입니다. 물론 보다 고급 수준의 과목들을 이해하려면 미적분을 알아야 하겠지만, 이것은 필요한 분들만 배우면 됩니다.

통계학 입문서 한 권을 완전히 익히면 다른 것을 공부할 준비가 된 것입니다. 입문서에 등장하는 개념들은 기본적인 것이고 고급과정의 지식을 이해하는 데 필요하기 때문에 여러 번 반복하여 읽으면서 숙달할 것을 권합니다. 확률의 개념 및 기본적인 계산 방식, 통계학에서 자주 쓰는 확률분포, 점추정 및 구간추정에 대한 (이 책에서 다룬 것보다 심화된) 개념, 통계적 가설검정의 수학적 의미, 기본적인 통계적 추정 및 검정 방법, **공분산과 상관계수**[1] 등에 대한 이해 등은 기초통계학을 공부하면서 반드시 알아두어야 할 것들입니다. 기본 개념을 확실히 해두지 않으면 다른 것을 공부할 때 매우 힘들어집니다. 물론 한 번 본다고 이해되는 것이 아니기 때문에 이해될 때까지 여러 번 반복해서 읽어야 합니다.

기초통계학 책을 몇 차례 읽었다면 그다음 공부해야 할 것은 **회귀분석**regression analysis입니다. 회귀분석은 통계학의 가장 중요한 핵심 과목입니다.

....

1 공분산과 상관계수는 서로 다른 두 변수 간의 관련성을 수치화하는 데 사용되는 통계학적 개념입니다.

관련 전공자들은 이것을 이해하기 위해 학부 1, 2학년을 보낸다고 해도 과언이 아니죠. 이 책에서는 회귀분석에 대해 언급하지 않았지만, 간단히 소개하면 회귀분석은 자료를 **선형 모형**linear model으로 설명하는 기법입니다. 사람의 키와 체중 간에는 **양의 상관관계**가 있습니다. 키가 큰 사람일수록 체중이 많이 나가는 경향이 있다는 뜻입니다. 하지만 이것은 어디까지나 어떤 경향일 뿐 법칙이 아닙니다. 어떤 사람은 다른 사람에 비해 키가 더 크지만 체중이 오히려 더 적게 나갈 수도 있습니다. 그러나 모집단 전체로 보면 '대체로' 키가 큰 사람은 체중도 더 많이 나간다는 것입니다. 이런 체중과 키 간의 관계를 다음과 같은 수식으로 표현할 수 있습니다. 편의상 몸무게는 킬로그램, 키는 센티미터로 표시했다고 합시다.

$$\text{몸무게} = a + b \times \text{키} + e$$

이 수식의 의미는 이렇습니다. 몸무게는 키에 대한 '일차식'으로 표현되는데, 우변이 그 일차식입니다. 일차식은 세 개의 구성 요소를 갖고 있습니다. 첫째, **절편**intercept이라고도 불리는 a입니다. 이것은 일종의 출발점인데, 그 이유는 a가 키가 0일 때의 몸무게에 대한 **기댓값**과 같기 때문입니다. 물론 키가 0인 사람은 존재하지 않으므로 a 자체만 놓고 보면 비현실적인 값이지만, 키에 실제 사람들의 키를 대입하면 a가 몸무게를 결정하는 데 의미를 갖겠죠?

둘째, **기울기**slope라는 값입니다. 앞의 식에서는 b로 표기했고, 그 의미는 키가 1센티미터 커질 때 몸무게가 얼마나 증가하느냐 하는 것입니다. 예를 들어 b=0.1이라면, 이는 키가 1센티미터 커질 때마다 몸무게가 대체로

0.1킬로그램 늘어난다는 것을 의미합니다. 이 값은 앞의 식에서 키와 몸무게 간의 관계를 나타내는 유일한 것이기 때문에 가장 중요한 값이라고 할 수 있습니다.

마지막으로 *e*가 있습니다. 이것은 오차에 해당하는데, 앞에서 몸무게가 늘어날수록 키가 항상 커지는 것은 아니라고 했습니다. 즉 키는 $a + b$(키)로만 결정되는 것이 아닙니다. 그런 오차를 나타내기 위해 e라는 값을 수식에 도입합니다. 정리하면 키와 몸무게 간의 관계는 지금까지 설명한 a, b, e 세 개의 값에 의해 결정됩니다.

회귀분석의 목표는 a, b, e의 값을 결정하는 것입니다. 이때 그 값은 아무렇게나 찍는 것이 아니라 자료를 '가장 잘 설명하는' 값으로 결정하는 것이 핵심입니다. 특히 오차, 즉 e의 크기를 되도록 작게 하는 것이 목표인데 a, b는 이를 달성할 수 있게 결정됩니다. 그 과정에 수학적 최적화 기법이 사용되는데, 이를 **최소제곱법**least squares method이라고 부릅니다. 최소제곱법에 대한 자세한 설명은 이 책의 범위를 벗어나므로 언급하지 않겠습니다.

지금까지 설명한 것은 회귀분석의 가장 단순한 경우, 이른바 **단순회귀분석**simple regression analysis에 해당합니다. 키 외에도 몸무게를 설명할 수 있는 변수는 많이 있습니다. 일일 칼로리 섭취량도 몸무게를 예측하는 중요한 변수입니다. 이렇게 한 변수를 설명하거나 예측하기 위해 두 개 이상의 변수를 사용하는 회귀분석 방식을 **다중회귀분석**multiple regression analysis이라고 합니다. 그 밖에도 다양한 회귀분석 방식이 있는데, 우리가 생각할 수 있는 대부분의 통계학 자료분석 기법은 회귀분석의 일종입니다. 따라서 회귀분석을 잘 이해하는 것이 무엇보다 중요합니다.

회귀분석 또한 수학적 이론에 충실한 책과 통계학 비전공자를 대상으로 수식을 되도록 배제하고 쉽게 설명한 책 두 종류로 나눌 수 있습니다. 쓰임새에 맞게 선택하면 되겠지만 처음 배우는 입장이라면 두 번째 부류의 책을 추천합니다.

마지막으로 강조할 것은 통계학은 수식과 개념만 배운다고 끝이 아니라 어떻게 실행되는지 실습을 직접 해보아야 한다는 점입니다. 이는 회귀분석뿐 아니라 통계학 입문의 경우에도 마찬가지입니다. 교과서에 예제가 나오면 프로그래밍을 통해 꼭 실습해볼 것을 권합니다. 실제로 해보지 않은 통계학 지식은 완전히 체득하기 어렵습니다. 이 두 과목을 충분히 습득했다면 보다 고급과정의 내용도 쉽게 이해할 수 있을 것입니다.

통계학의 분야들

회귀분석은 통계학의 시작에 불과하고 다양한 하위 분야 또는 과목이 있습니다. 회귀분석은 독립적인 분야라기보다는 하위 분야가 대체로 공유하는 큰 틀이라고 생각하는 편이 더 정확할 것입니다. 관심 있는 분들을 위해 그중 몇 가지를 소개하겠습니다. 물론 이것이 전부가 아니고 훨씬 더 많은 세부 분야가 있지만 다 소개하지 못하는 점 양해해주기 바랍니다.

범주형 자료분석 우리가 분석하는 자료 중에는 앞에서 살펴보았던 키, 몸무게 등과 같이 숫자로 표현되는 것도 있지만 성별, 거주 지역 등과 같이 범주로 표현되는 자료도 있습니다. 이런 자료를 분석하는 방법을 다루는 과목이 바로 범주형 자료분석categorical data analysis입니다. 참고로 키, 몸무게 등을 범주형 자료와 구분하기 위해 연속형 자료라고 부릅니다. 범주형 자료분석은 연속형 자료와는 다른 분석 기법을 필요로 합니다. 예를 들어 2×2 테이블이 있습니다. 이것은 두 개의 범주를 갖는 범주형 변수 두 개를 요약한 자료입니다. 코로나19 검사를 시행했을 때 실제로 감염되었는지 아닌지 여부와 검사 결과가 양성인지 음성인지 여부는 별개로 생각할 수 있죠. 이 두 변수를 갖고 2×2 테이블을 만들면 표와 같습니다. 검사 결과가 코로나19 감염 여부와 유의미한 상관이 있는지 알아보고 싶을 때 범주형 자료분석 기법의 일종인 **카이제곱검정**을 사용합니다. 자세한 내용은 여기서 다루지 않겠습니다.

	COVID-19 감염	COVID-19 없음
검사결과 양성		
검사결과 음성		

결측 자료분석 자료를 분석하다 보면 값이 누락되어 있는 경우를 흔히 볼 수 있습니다. 가계 소득을 묻는 설문조사를 할 때 소득이 매우 높거나 낮은 집에서는 응답 자체를 거부할 가능성이 그렇지 않은 경우보다 높을 것이라고 추측할 수 있습니다. 또는 자료 수집 과정상의 실수, 전산 시스템 오류 등으로 값이 빠지는 일은 생각보다 흔합니다. 이를 **결측치**missing data라고 부릅니다. 하지만 결측치가 있다고 해서 자료분석을 포기할 수는 없겠죠. 이런 상황에서의 데이터분석 기법을 다루는 분야가 바로 **결측 자료분석**missing data analysis입니다. 결측 자료의 처리는 다양한 데이터분석 상황에서 중요하게 다루어야 하는 문제입니다.

시계열분석 데이터분석을 할 때 자료에 시간이 함께 기록된 것을 흔히 볼 수 있습니다. IT기업에서 수집하는 각종 기록(로그)에는 **타임스탬프**time stamp, 즉 그 로그가 생성된 시간이 함께 기록됩니다. 또는 온라인 상점의 경우 물건을 팔면 그 거래 내역에 시간이 당연히 기록되겠죠. 이런 유형의 자료를 잘 분석하여 유의미한 인사이트를 도출하고 좋은 의사결정으로 이어지게 하는 것이 많은 기업의 관심사입니다. 또는 지금까지의 자료를 바탕으로 앞으로 일어날 일에 대해 예측하는 것이 관심사일 때도 있습니다. 예를 들어, 호텔에서는 지금까지의 일일 투숙객 수 자료를 사용하여 미래의 특정 일자에 얼마나 많은 투숙객이 예약할지 예측할 수 있습니다. 이것이 정확하게 이루어진다면 필요한 만큼 직원들과 각종 자원을 효율적으로 배치하고 사용할 수 있겠죠. 이런 것을 하는 것이 **시계열분석**time series analysis 분야의 관심사입니다. 특히 시계열분석은 사회과학 중 경제학 분야에서도 많이 사용합니다.

다변량분석 우리가 현실에서 맞닥뜨리는 자료는 변수가 하나인 경우는 거의 없고 여럿인 경우가 압도적으로 많습니다. 또한 독립변수뿐 아니라 종속변수도 하나가 아닌 여럿일 때가 있습니다. 이와 같이 다루는 변수가 많을 때의 분석 기법을 다루는 분야가 **다변량분석**multivariate analysis입니다. 이 분야의 기법을 잘 활용하면 큰 자료도 손쉽게 분석할 수 있습니다. 특히 최근 떠오르고 있는 기계학습(머신 러닝), 빅데이터 등의 분야에서 활용도가 높습니다.

기계학습 기계학습machine learning 분야는 통계학에만 속한다고 보기 힘들고 컴퓨터공학 등 인접 분야가 모두 관련 있는 '학제적interdisciplinary' 분야라고 해야 합니다. 하지만 통계학에서도 기여하는 바가 꽤 있고 기존에 존재하던 기계학습 기법들을 통계학의 시각에서 보았을 때 얻을 수 있는 새로운 직관이 등장하기도 합니다. 분류, 예측, 군집화 등의 영역에서 기계학습 기법들은 활용도가 매우 높습니다. 최근의 빅데이터 및 데이터과학 붐은 기계학습이 주도했다고 해도 과언이 아닙니다.

과학연구방법론 통계학은 현대과학의 '언어'라고 해도 과언이 아닙니다. 자료를 이용하여 과학적 추론을 하는 데 통계학은 없어서는 안 될 도구이기 때문입니다. 이런 이유로 각 과학 분야는 앞다투어 통계학을 수용했으며 나름의 실정에 맞게 각 분야에서 통계학을 응용하여 발전시켜왔습니다. 자연과학 분야뿐 아니라 심리학·경제학·정치학·사회학 등 사회과학 분야, 의생명과학 분야 등도 통계학을 추론의 주된 수단으로 삼고 있습니다. 백신 임상 시험 결과를 분석하는 데도 통계학 기법이 적극적으로 활용됩니다.

계산통계학 이 책에서 특히 강조된 바지만 통계학은 각종 수학 공식에만 의존하는 것이 아니라 실제로 그 값을 계산하기 위한 도구의 사용에도 관심이 많습니다. 특히 컴퓨터를 활용한 수치 계산을 빠르고 정확하게 하는 것이 많은 통계학자의 관심사입니다. 이런 분야를 **계산통계학**computational statistics 이라고 부릅니다.

비모수 통계학 이미 살펴보았지만 부트스트랩 방식의 중요한 장점 중 하나는 모집단의 분포에 대한 가정이 필요하지 않다는 것이었습니다. 현재 널리 사용되는 대부분의 통계검정 절차는 대개 모집단 또는 그로부터 얻은 수치에 대해 분포 가정을 갖고 있지만 그런 가정이 위배되면 검정 절차의 정당성이 흔들릴 수 있습니다. 비모수 통계학non-parametric statistics은 그런 상황에서 사용할 수 있는 통계적 추론 절차에 대해 다룹니다. 자료가 어떤 분포를 따르는지 전혀 모르는 상황에서도 모집단의 중앙값(상위 50%에 해당하는 값)

이 얼마인지 통계적으로 검정할 수 있습니다. **부호검정**sign test이라고 불리는 이 절차는 비모수 통계 절차 중 가장 간단한 것이라고 할 수 있습니다.

베이즈 통계학 앞에서 베이즈 정리를 살펴보았는데, 아예 이것을 통계적 추론의 일반적 원리로 받아들이고 사용하는 분야가 있습니다. 이 분야는 확률에 대한 정의도 지금까지 살펴본 빈도주의 통계학과 꽤 다릅니다. 바로 확률을 '믿음의 정도'로 보는 것입니다. 그렇게 하면 통계적 추론이 안 될 것 같지만 놀랍게도 완벽히 잘 작동합니다. 심지어 해석상으로는 빈도주의에 비해 나은 점도 있습니다. 이런 방식의 통계적 추론법을 집중적으로 연구하는 분야가 베이즈 통계학Bayesian statistics입니다. 그 밖에도 공간통계학, 표본조사론, 확률과정론 등의 분야가 있지만 생략하겠습니다.

데이터과학과 통계학

마지막으로 최근 뜨거운 화두인 데이터과학과 통계학 간의 관계에 대해 언급하고 이 장을 마치겠습니다. 흔히 데이터과학이라고 하면 떠올리는 몇 가지 화두가 있습니다. 인공지능, 기계학습, 프로그래밍 등이 그것입니다. 데이터과학이란 모름지기 화려한 프로그래밍 기술을 가진 프로그래머들이 화려한 데이터베이스 기술, 현란한 기계학습 알고리즘 파인튜닝(알고리즘의 성능이 최적화될 때까지 알고리즘의 세부 사항을 계속 바꾸어가면서 시험하는 것) 등을 뽐내는 분야라고 생각하기 쉽습니다. 요즘 언론상에서 데이터과학 분야에 대해 묘사하는 것을 보면 말이죠. 지금은 조금 가라앉은 것 같기도 하지만 얼마 전까지만 해도 정부에서 10만 데이터 인력 양성을 이야기할 때 이런 이미지가 없었다고 말하기는 힘들지 않을까 합니다.

물론 프로그래밍과 기계학습, 인공지능은 중요합니다. 자율주행차, 자동 사물 인식 등은 엄청난 부가가치를 창출할 수 있는 핵심 기술이고 세계 유수의 큰 기업들이 이런 것에 천문학적 액수를 쏟아붓고 있는 지금, 우리라고 해서 뒤떨어질 이유는 없습니다. 물론 투자를 현명하게 한다는 전제 하에서 말이죠. 그리고 데이터분석을 하려면 먼저 데이터를 정제하고 추출할 수 있어야 하는데, 그 과정에서 컴퓨터과학의 역할은 꽤 중요합니다. 자료를 데이터베이스에 효율적이고 신뢰할만하게 보관하고 빠르게 필요한 데이터를 뽑아 정제하여 분석 가능한 형태로 만들 수 있어야 그 이후의 분석도 원활하게 될 것입니다. 실제로 현업에서 일할 때 상당한 시간을 오로지 이 과정을 위해 투자합니다. 데이터과학자가 일하는 시간의 80%는 데이터 전처리(데이터를 분석에 사용할 수 있게 가공하는 것)에 사용하고 20%만이 사람들이 흔히 생각하는 '모델링'에 쓰입니다. 어떤 경우에는 80%가 아니라 90%, 심지어 100%에 가까운 시간을 쓸만한 데이터를 얻는 데에만 사용하기도 합니다. 이런 이유로 데이터과학자는 사람들이 늘 생각하는 것처럼 화려한 직업만은 아닙니다. 물론 컴퓨터과학의 역할이 데이터 정제 및 추출에만 국한되는 것은 아니지만 그것이 중요한 한 축이라는 것 또한 사실입니다.

하지만 통계학 또한 데이터과학을 구성하는 중요한 분야이고 통계학적 인사이트가 결정적 역할을 할 때가 분명히 있습니다. 통계학은 궁극적으로는 불확실성을 확률론의 언어로 계량하는 학문이라고 할 수 있고 이는 데이터과학에서 통계학이 가장 잘할 수 있는 작업이기도 합니다. 특히 통계학은 자료의 크기가 작아서 그로부터 끌어낼 수 있는 정보가 제한적일 때 빛을

발합니다.

빅데이터의 시대라고 해서 모든 데이터의 크기가 크다고 생각하면 오산입니다. 분석 현장에서 맞닥뜨리는 자료는 꽤 작습니다. 일별 · 월별 자료는 시간별 · 분당 · 초당 자료 등에 비해 상당히 작습니다. 선거를 앞둔 상황에서 지지 후보 설문조사를 하는 상황과 같이 자료 수집상 비용의 문제로 인해 많은 표본을 모으기 어려운 경우도 있습니다. 인공지능과 기계학습은 이런 모든 상황에 대해 최적의 상황을 만들어주지 않습니다. 상황에 알맞은 도구를 적절히 활용할 줄 아는 것이 좋은 데이터과학자의 요건이기도 합니다.

물론 데이터과학은 통계학과 통계 모델링이 전부가 아닙니다. 하지만 그것을 완전히 무시하는 데이터분석 또한 좋은 분석이 되기 어려울 때가 종종 있습니다. 그래서 데이터분석을 혹시 직업으로 삼고 싶은 분이 있다면 통계학을 그리 높은 수준까지는 아니어도 상관없으니 꼭 공부해보기를 권합니다. 아마 새로운 세계가 열리는 것을 경험할 수 있을 것입니다.

통계학과 기계학습, 비슷하면서도 서로 다른

지금까지 이 책에서는 주로 통계학에 대해 다루었습니다. 그런데 요즘 언론 등에서 더 많이 이야기하는 것, 그리고 소위 '데이터과학의 시대'에 보다 더 주목받는 분야는 사실 기계학습이라 불리는 분야입니다. 영어로는 '머신 러닝machine learning'이라 하죠. 통계학과 기계학습은 사실 공유하는 바가 많습니다. 확률 이론, 수학적 모형을 구축하는 방식, 근본 철학 등의 측면에서 말이죠. 그래서 어떤 사람들은 기계학습을 통계학에 붙인 좀 더 '섹시한' 이름이라 보기도 합니다. 또는 기계학습은 본질적으로 통계학이며, 사실 별로 새로울 것이 없다고 보는 시각도 있습니다. 실제로 통계학 연구자들이 기계학습 분야에 기여하기도 하고 그 반대의 일도 일어납니다. 그만큼 두 분야 간 교류는 활발하죠. 그런데 이 두 분야가 실제로 하는 일을 자세히 들여다보면 다소 차이가 있는 것도 사실입니다. 여기서는 제가 개인적으로 느낀 차이점에 대해 이야기해보겠습니다. 이 문제에 대해서는 사실 매우 다양한 시각이 있기 때문에 전문가마다 견해가 다를 수 있다는 점을 미리 밝혀둡니다.

통계학에서는 불확실성을 수학적으로 표현하는 것을 매우 중요하게 생각합니다. 여기서 불확실성이라는 것은 결국 확률의 언어로 표현된 무엇이라고 생각해도 좋습니다. 통계학자들은 의심이 아주 많아서, 어떤 수치를 추정할 때 그 결과를 어지간해서는 잘 믿지 않습니다. 예를 들어, 이 책에서도 이야기한 모비율을 추정하는 문제에서, 통계학자들은 표본비율로 모비율을 추정할 때 언제나 불확실성 또는 부정확성이 있다고 생각합니다. 문제는 그 부정확한 정도가 얼마나 크냐는 것입니다. 설령 표본비율이 참된 비율(모비율)과 조금 다르다 해도, 그 정도가 매우 작으면 우리는 우리의 추정치에 대해 크게 의심하지 않을 것입니다. 반면 불확실성이 크면 우리는 추정치를 크게 신뢰하지 말아야겠죠. 이와 같이 통계학자들은 추정을 하든 가설을 검증하든, 그에 따르는 불확실성을 수치화하는 데 매우 공을 많이 들입니다. 설문조사 등에서 접하셨을 '오차의 한계margin of error' 같은 게 그런 개념입니다.

반면 제 경험상 기계학습 분야에서는, 신경을 안 쓰는 것은 아니지만 상대적으로 불확실성 계량에 대한 강조를 덜합니다. 대신 기계학습에서는 특정 작업을 효율적이고 정확하게 자동화하는 데 더 관심이 많은 듯합니다. 예를 하나 들자면, 통계학과 기계학습이 공유하는 분석 기법 중 '선형회귀linear regression'라는 것이 있습니다. 자세히 설명하자면 길지만, 간단히 말하면 이것은 두 변수가 있을 때 하나를 다른 하나의 일차식 형태로 표현하는 기법입니다. 즉, $y=ax+b$ 형태의 공식을 만드는 것인데, 우리는 x와 y 값을 관측하여 알고 있을 때 a와 b의 값을 어떻게 결정할 것인지에 관심이 있습니다. 여기서 통계학자들은 a와 b의 참값에 비해 우리가 데이터로부터 추정한 값이 얼마나 떨어져 있는지에 큰 관심을 가집니다. 앞서 언급했듯이 통계학자들은 불확실성에 집착하는 편이죠. 그런데 기계학습에서는 이런 쪽에 관심을 덜 갖는 반면 $ax+b$라는 공식을 써서 y를 얼마나 정확하게 예측predict할 수 있는지에 관심을 가집니다. 물론 통계학에서도 예측에 관심이 없는 것은 아니지만 불확실성에 더 큰 관심을 갖는 반면, 기계학습에서는 그런 점에 대한 강조가 상대적으로 적어 보인다는 것입니다. 그보다는 작업task 자체에 관심을 두고, 컴퓨터 코드를 작성하여 어떻게 하면 작업을 효율적으로 자동화할 수 있는지에 더 몰두하는 편입니다.

이와 같이 통계학과 기계학습은 완전히 같은 기법을 서로 다르게 활용하기도 합니다. 그리고 이는 어느 쪽이 옳고 그르냐의 문제라기보다는, 앞서 언급했던 것처럼 서로 강조하는 것이 다르기 때문에 일어나는 일입니다. 이런 차이를 감안하면서 두 분야를 비교해보는 것도 재미있는 접근 방식입니다.

나오며

'들어가며'에서도 언급했지만, 이 책은 현행 고교 통계 교과 과정에 대한 불만에서 출발했습니다. 다시 말해 수식으로만 가득 차 있는 반면 통계학의 근본 철학이나 데이터분석과는 따로 떨어진 '확률과 통계' 교육과정의 문제점을 보완하고자 이 책을 썼습니다. 이 책을 읽으면서 지금까지 배웠던 통계 지식에 무엇이 빠져있었고 무엇을 채워 넣어야 하는지 느꼈다면 이 책은 그 목적을 다한 것입니다. 그리고 혹시 데이터분석을 업으로 삼고자 하는 분들에게 지적 자극제가 되었다면 더 바랄 것이 없습니다.

데이터분석을 업으로 하지 않더라도 현대사회에서 발생하는 문제들은 점점 확률과 통계학적 사고 능력을 필요로 하는 경우가 많아지고 있습니다. 이를테면 최근 있었던 청해부대에서의 코로나바이러스 무더기 감염 사태에서, 감염 여부를 확인하는 데 쓰이는 신속항원검사 대신 면역 생성 여부를 확인하는 데 쓰이는 항체검사 키트를 잘못 사용한 것이 논란이 되었습니다. 하지만 애초에 신속항원검사를 사용했더라도 대량 감염 사태를 막을 수 있었을까요? 방역 전문가들에 따르면 신속항원검사의 민감도는 충분히 높지 않습니다. 최근 보도에 따르면 10% 후반대에서 40%대까지 다양하게 나오고 있지만, 보수적으로 잡아도 실제로 감염된 사람 두 명 중 한 명은 잡히지 않는다는 결론입니다. 여러분이 청해부대 지휘관이었다면, 밀폐된 공간에서 오랜 시간을 함께하는 장병들의 건강을 관리하는 데 신속항원검사를 사용하셨을까요? 확률, 통계적 사고는 이처럼 수백 명의 건강과 생명을 좌우할 수도 있습니다.

찾아보면 실생활에서 이런 사고를 요구하는 문제는 도처에 있습니다. 단지 그런 문제라고 인식하지 못할 뿐입니다. 민주주의 사회는 개별 구성원들의 합리성에 크게 의존합니다. 갈수록 복잡다단해지는 현대사회에서 크고 작은 개인적·사회적 문제에 대해 합리적으로 생각하는 데 통계적 사고는 갈수록 중요해지고 있습니다. 통계학을 배우지 않은 이들도 이런 문제에 대해 기초적인 사고력을 충분히 함양할 수 있고 여기에는 복잡한 수학적 지식이 필요하지 않습니다. 상식선에서 사칙연산만으로 해결되는 경우가 대부분입니다. 현장에서의 통계 교육이 보다 이런 능력을 배양해줄 수 있는, 그리고 여러분이 꼭 학교에서가 아니더라도 쉽게 그런 내용을 배울 수 있는 사회가 되기를 바라며 이 책을 마칩니다.

찾아보기

지은이 박준석

서울대학교에서 심리학 학사, 석사학위를 취득하고 미국으로 건너가 오하이오 주립대학에서 통계학 석사학위와 계량심리학 박사학위를 취득했다. 대학원에서는 주로 믿을 수 있는 과학 연구를 위한 데이터분석 기법을 개발하고 평가하는 연구를 진행했다. 졸업 후에는 산업 현장으로 진출하여 미국 서부 해안에서 데이터과학자로 일하고 있다. 페이스북 페이지 〈오하이오의 낚시꾼〉을 통해 대중에 통계학과 데이터과학을 소개하고 있으며, 대중의 데이터 문해력 증진 및 통계학 대중화에 관심이 많다. 진영논리와 의견만으로 사회적 문제를 다루기보다는, 데이터와 증거를 통해 문제를 해결할 때 보다 나은 사회를 만들 수 있다고 믿는다.